IFRS-Kennzahlen Dictionary

IFRS Financial Ratios

Eberhard Scheffler

So nutzen Sie dieses Buch

Als „Dictionary“ ist dieses Büchlein zweisprachig aufgebaut: Auf den geraden Seiten finden Sie die deutschen, auf den gegenüberliegenden ungeraden Seiten die englischen Erläuterungen.

Im Stichwortverzeichnis sind sämtliche Kennzahlen mit ihren deutschen und englischen Bezeichnungen aufgeführt, sodass Sie diese gezielt nachschlagen können.

Die folgenden Elemente erleichtern Ihnen die Orientierung im Buch:

1 Jede Kennzahl ist mit einer Nummer versehen. Neben dieser Nummer finden Sie die entsprechende Formel, sodass Sie ihre Herleitung nachvollziehen und auf den konkreten Fall anwenden können.

Beispiele

Dieses Buch enthält zu jeder Kennzahl ein praktisches Rechenbeispiel. Sie ergibt sich in der Regel aus dem Muster-Konzernabschluss für das Jahr xxx1 (S. 12 ff.).

! Die Merkkästen enthalten wichtige Hinweise. Im konkreten Fall ist jede Kennzahl in ihrem Inhalt zu hinterfragen und im Kontext mit anderen Kennzahlen zu würdigen, um die Unternehmenssituation schlüssig zu interpretieren.

Inhalt

Einführung	4
Grundlagen	6
Kennzahlen zur Vermögensstruktur	24
Kennzahlen zur Kapitalstruktur	36
Umschlagshäufigkeit und Laufzeit	48
Finanzierungsregeln	66
Liquiditätskennziffern	80
Cashflow-Kennzahlen	84
Kennzahlen zur Erfolgsanalyse	98
Rentabilitätskennzahlen	138
Kapitalmarktorientierte Kennzahlen	150
Abkürzungsverzeichnis	181
List of abbreviations	183
Stichwortverzeichnis/Glossary	185

Einführung

Ein zunehmend großer Kreis von Personen und Organisationen befasst sich regelmäßig mit Finanzinformationen. Neben der Entwicklung der Finanzmärkte gilt die Aufmerksamkeit unternehmensbezogenen Finanzdaten, die hauptsächlich den veröffentlichten Abschlüssen der Unternehmen entnommen werden.

Die daraus abgeleiteten Finanzkennzahlen bilden finanziell maßgebliche Sachverhalte in komprimierter Form ab und lassen „auf einen Blick" kritische Finanzrelationen und Entwicklungen erkennen. Sie werden als Maßstab für den Erfolg und die Bonität der Unternehmen verwendet.

Bei Konzernunternehmen ist der Konzernabschluss das wichtigste Informationsinstrument, den kapitalmarktorientierte Mutterunternehmen nach den internationalen Rechnungslegungsgrundsätzen IFRS aufzustellen haben. Entsprechend werden hier die gebräuchlichen Finanzkennzahlen auf der Basis eines IFRS-Konzernabschlusses vorgestellt. Für jede Finanzkennzahl werden die Berechnungsformel und ein Rechenbeispiel angegeben.

Zur Erleichterung der Diskussion mit internationalen Gesprächspartnern werden die Finanzkennzahlen sowohl auf Deutsch als auch auf Englisch dargestellt und erläutert. Für die tatkräftige Unterstützung bei der englischen Übersetzung gebührt Herrn Ingo Weber und Frau Susann Tiepner von der FAS AG sowie Frau Antonia Adams besonderer Dank.

Introduction

An increasingly large number of people and organizations deal with financial information on a regular basis. In addition to the development of financial markets, the focus is on business-related financial data, mainly taken from the published financial statements of companies.

The financial ratios derived from these figures constitute financially significant data in condensed form and reveal critical financial relationships and trends "at a glance". They are used as a measure for the success and credit ratings of companies.

For group companies, the consolidated financial statements are the most important information tool, which publicly traded parent companies must prepare in accordance with International Financial Reporting Standards (IFRSs). Accordingly, the common financial ratios are presented here on the basis of IFRS consolidated financial statements. The calculation formula and an example calculation are provided for each financial ratio.

To facilitate discussions with international participants the financial ratios are described in German language and in English translation. For their active support with the English translation Mr. Ingo Weber and Mrs. Susann Tiepner from FAS AG as well as Mrs. Antonia Adams deserve particular recognition and thanks.

Grundlagen

Zweck und Aussagekraft von Finanzkennzahlen

Die unternehmensbezogenen **Finanzkennzahlen** werden hauptsächlich aus dem (veröffentlichten) Jahres- oder Konzernabschluss und dem (Konzern-)Lagebericht des Unternehmens entwickelt. Sie stellen insoweit eine Momentaufnahme zum Bilanzstichtag dar.

Die Finanzkennzahlen dienen hauptsächlich zur Analyse der Vermögens-, Finanz- und Ertragslage des Unternehmens und deren Entwicklung (**Bilanz- und Finanzanalyse**). Sie werden aber auch zur Unternehmenssteuerung und -überwachung, zur Kreditsicherung sowie als Maßstäbe für variable Vergütungen von Vorstands- und Aufsichtsratsmitgliedern und anderen Unternehmensangehörigen genutzt. Besondere Beachtung verdienen Kennzahlen, die branchen- oder unternehmensspezifisch die für den Unternehmenserfolg kritischen Relationen zeigen.

Die Ausübung der in begrenztem Umfang zugelassenen Bilanzierungs- und Bewertungswahlrechte ist in der Regel aus dem Anhang ersichtlich. Nach dem Grundsatz der Stetigkeit sind ausgeübte **Wahlrechte** in nachfolgenden Abschlüssen beizubehalten.

General

Purpose and significance of financial ratios

Business-related **financial ratios** are mainly developed from a company's (consolidated) financial statements and (Group) management reports. They present the situation at the closing date.

Financial ratios are mainly used to analyze a company's assets, financial position and results of operations and their development (**balance sheet and financial analysis**). But they are also used for the purposes of management and monitoring the business, for collateralization and as a measure for variable remuneration for management board members, supervisory board members and other members of the company. Financial ratios that represent critical relations which are characteristic for the area of business or the company deserve special attention.

It can generally be seen from the notes to the financial statements which of the limited permitted accounting and measurement options have been exercised. In accordance with the consistency principle, **options** that have been exercised must be continued to be exercised in subsequent financial statements.

Bedeutsamer für die kritische Würdigung mancher Abschlusszahlen sind die unvermeidlichen **Ermessensentscheidungen** des bilanzierenden Unternehmens und deren Plausibilität. Sie betreffen insbesondere die Ermittlung des am Bilanzstichtag beizulegenden Zeitwerts und zukunftsbezogene Bewertungsparameter.

Bis auf wenige Ausnahmen sind die **Finanzkennzahlen** und ihre Elemente **nicht allgemein verbindlich** und auch **nicht einheitlich definiert**. Dieselben Bezeichnungen werden in Literatur und Praxis z. T. unterschiedlich verwendet und ihr Inhalt an individuelle Besonderheiten oder an bestimmte Informationswünsche angepasst. Daher ist der Inhalt der Finanzkennzahlen und ihrer Bestandteile insbesondere bei zeitlichen und zwischenbetrieblichen Vergleichen zu überprüfen.

Finanzkennzahlen bilden nur einen Teil der Unternehmensrealität ab. Daneben spielen für die Beurteilung eines Unternehmens auch **nichtfinanzielle Kennzahlen und qualitative Informationen** eine wichtige Rolle. Dazu gehören z. B. der relative Marktanteil des Unternehmens und nichtfinanzielle Leistungsindikatoren wie die Aktualität des Produktionsprogramms, die Qualität des Managements, die Zweckmäßigkeit und Effizienz der Planungs-, Steuerungs- und Kontrollinstrumente sowie der Corporate Governance.

Zu den relevanten Informationen zählen auch die Einwirkungen der Umwelt, die Berücksichtigung von Arbeitnehmerbelangen, Abhängigkeiten von bestimmten Rohstoffen oder Lieferanten u. a. m.

More important for the critical analysis of some figures in the financial statements are the unavoidable **discretionary judgements** made by the reporting company and their plausibility. These judgements particularly relate to determining fair values and forecasts of valuation parameters.

With just a few exceptions, **financial ratios** and their components are **not generally binding or consistently defined**. The same terms are sometimes used differently in the literature and in practice and their content can be adapted to specific circumstances or specific information requirements. Thus the content of financial ratios and their components must especially be reviewed in comparisons over time and between companies.

Financial ratios only represent part of the business reality. In addition, **non-financial ratios and qualitative information** play an important role when assessing a company. This includes, for example, the relative market share of the company and non-financial performance indicators such as the relevance of the production program, the quality of management, the usefulness and efficiency of planning, management and monitoring instruments, as well as corporate governance.

Relevant information also includes environmental impacts, the consideration of employee interests, dependencies on certain commodities or suppliers, etc.

Die aufgeführten Kennzahlen lassen sich zur Anpassung an die Gegebenheiten des Unternehmens modifizieren oder ergänzen. Entscheidend ist, dass geeignete Finanzdaten wirtschaftlich logisch verknüpft werden, um relevante Sachverhalte und Zusammenhänge darzustellen.

IFRS-basierte Finanzkennzahlen

Die Jahresabschlüsse der deutschen Unternehmen werden nach den handelsrechtlichen Rechnungslegungsvorschriften des HGB aufgestellt. Das gilt auch für die Aufstellung des Konzernabschlusses, wenn das Mutterunternehmen kein kapitalmarktorientiertes Unternehmen ist. **Kapitalmarktorientierte Mutterunternehmen** (§ 264d HGB) haben ihren Konzernabschluss nach den International Financial Reporting Standards (IFRS) zu erstellen (§ 315a HGB). Andere Mutterunternehmen können dies freiwillig tun.

Die **wesentlichen Abweichungen** der IFRS gegenüber dem HGB sind folgende:

- keine planmäßige Abschreibung eines aktivierten Goodwill, bei Wertminderung außerplanmäßige Abschreibung
- dem Fertigungsgrad entsprechende anteilige Ertragsrealisierung bei kundenbezogenen langfristigen Fertigungsaufträgen
- Aktivierungspflicht statt Aktivierungswahlrecht für Entwicklungskosten und für aktive latente Steuern
- Bewertung von Finanzinstrumenten überwiegend zum beizulegenden Zeitwert (*Fair Value*)
- wahlweise Zeitwertansatz für die als Finanzinvestition gehaltenen Immobilien und für Sachanlagen

The quoted financial ratios can be modified or expanded according to the character and situation of the company. It is important to combine suitable data with an economic logic so that the ratios represent relevant facts and relationships.

IFRS-based financial ratios

The financial statements of German companies are prepared in accordance with the German commercial code (Handelsgesetzbuch – HGB). This also applies for the preparation of the consolidated financial statements if the parent is not publicly traded. So called capital market orientated companies (§ 264d HGB) have to prepare their consolidated financial statements in accordance with International Financial Reporting Standards (IFRS). Other parents can do this voluntarily.

The **main differences** in IFRSs from HGB are as follows:

- No amortisation of capitalized goodwill; if goodwill is impaired, impairment losses are recognized
- Revenue recognition according to percentage of completion for customer-related long-term construction contracts
- Capitalization of development costs and deferred tax assets is mandatory instead of optional
- Financial instruments are largely measured at fair value
- Optional fair value measurement of investment property and property, plant and equipment

Rechenbeispiel: Konzernabschluss

Den nachfolgenden Rechenbeispielen liegt der auf den Seiten 12 ff. wiedergegebene vereinfachte IFRS-Konzernabschluss zugrunde.

	xxx0	xxx1
Sonstige Angaben:		
AK oder HK des Sach-AV*	9.850	10.500
Kumulierte Abschreibungen*	5.325	6.065
Verzinsl. kurzfr. Verbindlichkeiten*	360	350
Personalaufwendungen*	800	925
Vollzeit-Mitarbeiter	28.000	30.000
Abschreibungen auf Sachanlagen*	750	715
Goodwill-Abschreibung*	0	75
Aktivierte Entwicklungskosten*	15	30
Stammaktien	1.000 Mio.	1.000 Mio.
Vorzugsaktien	0	0
Dividende*	112	200
Börsenkurs der Aktie	8	9

* Mio. €

In den Rechenbeispielen werden die Eurobeträge ohne den Zusatz „Mio. €" verwendet.

Example calculation: Consolidated financial statements

The example calculation below is based on the simplified IFRS consolidated financial statements printed on pages 13 and the following.

	xxx0	xxx1
Other disclosures		
Cost of property, plant and equipment*	9,850	10,500
Accumulated amortization, depreciation and write-downs*	5,325	6,065
Interest-bearing current liabilities*	360	350
Personnel expenses*	800	925
Full-time employees	28,000	30,000
Depreciation of property, plant and equipment*	750	715
Goodwill impairment*	0	75
Capitalized development costs*	15	30
Common shares	1,000 million	1,000 million
Preferred shares	0	0
Dividend*	112	200
Stock exchange price	8	9

* € million

In the example calculations the Euro amounts are given without the addition "€ million".

BILANZ				
	31.12.xxx0		31.12.xxx1	
Aktiva				
	Mio. €	%	Mio. €	%
Goodwill	375		300	
Sonstige immaterielle Anlagewerte	50		60	
Immaterielle Anlagewerte	*425*	*4*	*360*	*3*
Grundstücke	925		925	
Abnutzbares Anlage-vermögen	3.600		3.510	
Sachanlagen	*4.525*	*39*	*4.435*	*37*
Beteiligungen	300		300	
Sonstige Finanzanlagen	200		250	
Finanzanlagen	*500*	*4*	*550*	*5*
Anlagevermögen	**5.450**	**47**	**5.345**	**45**
Roh-, Hilfs- u. Betriebsstoffe	600		700	
Fertigerzeugnisse, Waren	1.200		1.300	
Vorräte	*1.800*	*16*	*2.000*	*17*
Forderungen aus L + L	2.400	21	2.700	23
Sonstige Vermögenswerte	1.200	10	1.150	10
Flüssige Mittel	700	6	650	5
Umlaufvermögen	**6.100**	**53**	**6.500**	**55**
Bilanzsumme	**11.550**	**100**	**11.845**	**100**

STATEMENT OF FINANCIAL POSITION				
	31 Dec. xxx0		31 Dec. xxx1	
Assets				
	€ million	%	€ million	%
Goodwill	375		300	
Other intangible assets	50		60	
Intangible assets	*425*	*4*	*360*	*3*
Land	925		925	
Depreciable non-current assets	3,600		3,510	
Property, plant and equipment	*4,525*	*39*	*4,435*	*37*
Investments	300		300	
Other financial assets	200		250	
Financial assets	*500*	*4*	*550*	*5*
Non-current assets	**5,450**	**47**	**5,345**	**45**
Raw materials, consumables and supplies	600		700	
Finished goods, merchandise	1,200		1,300	
Inventories	*1,800*	*16*	*2,000*	*17*
Trade receivables	2,400	21	2,700	23
Other assets	1,200	10	1,150	10
Cash and cash equivalents	700	6	650	5
Current assets	**6,100**	**53**	**6,500**	**55**
Total assets	**11,550**	**100**	**11,845**	**100**

BILANZ				
	31.12.xxx0		31.12.xxx1	
Passiva				
	Mio. €	%	Mio. €	%
Gezeichnetes Kapital	1.000		1.000	
Kapitalrücklagen	700		700	
Gewinnrücklagen	2.500		2.800	
Jahresüberschuss	265		465	
EK der Eigentümer des MU	*4.465*		*4.965*	
Anteile anderer Gesellschafter	330		300	
Eigenkapital	**4.795**	**42**	**5.265**	**44**
Langfristige Bankkredite	3.800		3.700	
Pensionsrückstellungen	600		650	
Langfr. Verbindlichkeiten	*4.400*	*38*	*4.350*	*37*
Verbindlichkeiten aus L + L	1.200		1.450	
Sonstige Passiva	1.075		710	
Passive latente Steuern	80		70	
Kurzfr. Verbindlichkeiten	*2.355*	*20*	*2.230*	*19*
Summe Verbindlichkeiten	**6.755**	**58**	**6.580**	**56**
Bilanzsumme	**11.550**	**100**	**11.845**	**100**

STATEMENT OF FINANCIAL POSITION				
	31 Dec. xxx0		31 Dec. xxx1	
Equity and liabilities				
	€ million	%	€ million	%
Subscribed capital	1,000		1,000	
Capital reserves	700		700	
Revenue reserves	2,500		2,800	
Profit for the period	265		465	
Owners of the parent equity	*4,465*		*4,965*	
Non-controlling interests	330		300	
Equity	**4,795**	**42**	**5,265**	**44**
Long-term bank loans	3,800		3,700	
Pension provisions	600		650	
Long-term liabilities	*4,400*	*38*	*4,350*	*37*
Trade payables	1,200		1,450	
Other liabilities	1,075		710	
Deferred tax liabilities	80		70	
Current liabilities	*2,355*	*20*	*2,230*	*19*
Total liabilities	**6,755**	**58**	**6,580**	**56**
Total equity and liabilities	**11,550**	**100**	**11,845**	**100**

GuV (Umsatzkostenrechnung)				
	1.1.–31.12.xxx0		1.1.–31.12.xxx1	
	Mio. €	%	Mio. €	%
Umsatzerlöse	7.375	100	8.400	100
Umsatzkosten	–4.825	65	–5.050	60
Rohertrag	2.550	35	3.350	40
Marketing und Vertriebskosten	–1.250	17	–1.600	19
FuE-Aufwendungen	–200	3	–250	3
Allgemeine Verwaltungskosten	–100	2	–125	2
Goodwill-Abschreibung	–75	1	–75	1
Sonstige betriebliche Aufwendungen und Erträge	–350	5	–450	5
Betriebsergebnis	**575**	**7**	**850**	**10**
Zinserträge	50		75	
Zinsaufwendungen	–200		–220	
Sonst. Finanzerträge	60		50	
Finanzergebnis	**–90**	**1**	**–95**	**1**
Ergebnis vor Steuern	**430**	**6**	**755**	**9**
Steuern	–180		–225	
Jahresüberschuss	250		530	
Anteil anderer Gesellschafter	–40		–65	
Konzerngewinn	**210**		**465**	

Income statement (cost of sales method)				
	1 Jan. – 31 Dec. xxx0		1 Jan. – 31 Dec. xxx1	
	€ million	%	€ million	%
Revenue	7,375	100	8,400	100
Cost of sales	–4,825	65	–5,050	60
Gross profit	2,550	35	3,350	40
Marketing and selling expenses	–1,250	17	–1,600	19
R&D expenses	–200	3	–250	3
General and adminis-trative expenses	–100	2	–125	2
Goodwill impairment	–75	1	–75	1
Other operating ex-penses and income	–350	5	–450	5
Operating profit	**575**	7	**850**	10
Interest income	50		75	
Interest expenses	–200		–220	
Other financial income	60		50	
Financial result	**–90**	1	**–95**	1
Profit before tax	**430**	6	**755**	9
Taxes	–180		–225	
Profit for the period	250		530	
Non-controlling interests	–40		–65	
Profit attributable to parent owners	**210**		**465**	

GuV (Gesamtkostenrechnung)				
	1.1.–31.12.00		1.1.–31.12.01	
	Mio. €	%	Mio. €	%
Umsatzerlöse	7.375		8.400	
Bestandsveränderung	500		100	
Gesamtleistung	**7.875**	**100**	**8.500**	**100**
Materialaufwendungen	–4.200	53	–4.400	52
Rohertrag	**3.675**	**47**	**4.100**	**40**
Personalaufwendungen	–1.550	20	–1.750	21
Abschreibungen*	–750	10	–790	9
Sonstige betriebliche Aufwendungen	–800	10	–710	8
Betriebsergebnis	575	7	850	10
Finanzergebnis	–90	1	–95	1
Ergebnis vor Steuern	**575**	**6**	**755**	**9**
Steuern	–180	2	–225	3
Jahresüberschuss	**880**	**4**	**530**	**6**
Anteile anderer Gesellschafter	–40		–65	
Konzerngewinn	**840**		**465**	

* einschließlich 75 Mio. Euro Goodwill-Abschreibung

Income statement (total cost method)				
	1 Jan. – 31 Dec xx00		1 Jan. –31 Dec. xx01	
	€ million	%	€ million	%
Revenue	7,375		8,400	
Change in inventories	500		100	
Total operating performance	**7,875**	**100**	**8,500**	**100**
Cost of materials	–4,200	53	–4,400	52
Gross profit	**3,675**	**47**	**4,100**	**40**
Personnel expenses	–1,550	20	–1,750	21
Amortization , depreciation and write-downs*	–750	10	–790	9
Other operating expenses	–800	10	–710	8
Operating profit	575	7	850	10
Financial result	–90	1	–95	1
Profit attributable to parent owners	**575**	**6**	**755**	**9**
Taxes	–180	2	–225	3
Profit for the period	**880**	**4**	**530**	**6**
Non-controlling interests	–40		–65	
Profit attributable to parent owners	**840**		**465**	

* including € 75 million amortisation of goodwill

Kapitalflussrechnung		
	xxx0	xxx1
	Mio. €	Mio. €
Jahresüberschuss	305	530
Abschreibungen	750	790
Veränderung Working Capital	–150	–605
Zuführung Pensionsrückstellung	70	60
Cashflow aus laufender Geschäftstätigkeit	**975**	**775**
Investitionen im AV	–500	–680
Anlagenverkäufe	0	15
Cashflow aus der Investitionstätigkeit	**–500**	**–665**
Freier Cashflow	**475**	**110**
Eigenkapitalzuführung	200	0
Dividendenzahlung	–105	–105
Kreditaufnahme	150	0
Kredittilgung	–100	–55
Cashflow aus der Finanzierungstätigkeit	**145**	**–160**
Veränderung der flüssigen Mittel	**620**	**–50**

Statement of cash flows		
	xxx0	xxx1
	€ million	€ million
Profit for the period	305	530
Amortization, depreciation and write-downs	750	790
Change in working capital	–150	–605
Allocation to the pension provision	70	60
Cash flow from operating activities	**975**	**775**
Investments in non-current assets	–500	–680
Disposals of non-current assets	0	15
Cash flow from investing activities	**–500**	**–665**
Free cash flow	**475**	**110**
Equity contributions	200	0
Dividends paid	–105	–105
Proceeds from borrowings	150	0
Repayment of borrowings	–100	–55
Cash flow from financing activities	**145**	**–160**
Change in cash and cash equivalents	**620**	**–50**

Kennzahlen zur Vermögensstruktur

Kennzahlen für das Gesamtvermögen

Durchschnittsbestand

1	$\frac{\text{Anfangsbestand} + \text{Endbestand}}{2}$

Rechenbeispiel für das Vorratsvermögen

$$\frac{1.800 + 2.000}{2} = 1.900$$

Die in der Bilanz ausgewiesenen Vermögenswerte und Schulden sind stichtagsbedingt. Die Durchschnittsbestände können vom Mengengerüst des Bilanzstichtags erheblich abweichen. Sie haben Bedeutung für die **Ermittlung des Kapitalbedarfs**.

Aus dem Abschluss sind die Durchschnittsbestände nicht ersichtlich. Mangels besserer Information liefert der Durchschnitt aus Anfangs- und Endbestand eine Annäherung, die aber bei erheblichen Abweichungen vom Jahresmittel zu einem verfälschten Ergebnis führt.

Vermögensstruktur

2	$\frac{\text{Anlagevermögen}}{\text{Umlaufvermögen}} \times 100\ \%$

Ratios for the assets structure

Ratios for total assets

Average stock

$$\frac{\text{Opening stock + closing stock}}{2}$$ 1

Sample calculation for inventories

$$\frac{1{,}800 + 2{,}000}{2} = 1{,}900$$

The assets and liabilities disclosed in the statement of financial position are as of the closing date. Average stocks may differ substantially from the quantity structure as of the closing date. They are important for **determining the capital requirement**.

Average stocks are not shown in the financial statements. In the absence of better information, the average stock calculated as the average of the opening and closing stocks provides an approximation which, however, results in a distorted result if it differs substantially from the annual average.

Asset structure

$$\frac{\text{Non-current assets}}{\text{Current assets}} \times 100\ \%$$ 2

Rechenbeispiel

$$\frac{5.345}{6.500} \times 100\ \% = 82{,}2\ \%$$

Das Verhältnis von Anlagevermögen und Umlaufvermögen ist ein **Anhaltspunkt für die Flexibilität** des Unternehmens bei Markt- und Absatzveränderungen. Bei geringem Anlagevermögen sind die Fixkosten (Abschreibungen, Zinsen), die unabhängig von der Umsatzentwicklung anfallen, vergleichsweise niedriger.

Nach den IFRS können Sachanlagen und als Investment gehaltene Immobilien entweder zu fortgeführten Anschaffungskosten oder zum beizulegenden Zeitwert (Fair Value) bewertet werden.

Kennzahlen des Anlagevermögens

Anlagenintensität

3

$$\frac{\text{Anlagevermögen}}{\text{Gesamtvermögen}} \times 100\ \%$$

Rechenbeispiel

$$\frac{5.345}{11.845} \times 100\ \% = 45{,}1\ \%$$

Sample calculation

$$\frac{5{,}345}{6{,}500} \times 100\ \% = 82.2\ \%$$

The ratio of non-current assets to current assets is an **indicator for the flexibility** of the company with regard to changes in the market and sales volumes. If non-current assets are low, fixed costs (amortization/depreciation, interest), which are independent from revenue development, are comparatively low.

Under IFRSs, property, plant and equipment and investment property can be measured at either amortized cost or at fair value.

Ratios for non-current assets

Non-current asset intensity

$$\frac{\text{Non-current assets}}{\text{Total assets}} \times 100\ \% \qquad (3)$$

Sample calculation

$$\frac{5{,}345}{11{,}845} \times 100\ \% = 45.1\ \%$$

Die Anlagenintensität beschreibt den Anteil des Anlagevermögens am Gesamtvermögen des Unternehmens und zeigt, in welchem Umfang das Kapital langfristig gebunden ist. Das Ergebnis anlageintensiver Unternehmen ist durch vergleichsweise hohe Abschreibungen und Zinsaufwendungen belastet, die unabhängig von Schwankungen der Beschäftigung oder Produktion anfallen und allenfalls in Stufen abgebaut werden können.

Die Anlagenintensität wird speziell auf das Sachanlagevermögen bezogen, das im Gegensatz zu den Finanzanlagen unmittelbar für die Produktion des Unternehmens eingesetzt ist. Besonders anlageintensive Branchen sind u. a. die Schwerindustrie (Schiff- und Maschinenbau) und Energieunternehmen.

Unternehmens- oder branchenspezifisch können auch der Anteil und die Zusammensetzung des immateriellen Anlagevermögens wichtig sein. Von Interesse sind insbesondere ein aktivierter Goodwill und die aktivierten Entwicklungskosten.

Abschreibungsquote I

4

$$\frac{\text{Abschreibungen auf Sachanlagen}}{\text{Sachanlagevermögen}} \times 100\ \%$$

Rechenbeispiel

$$\frac{790 - 75}{4.435} \times 100\ \% = 16{,}1\ \%$$

Non-current asset intensity describes the proportion of non-current assets as a percentage of the company's total assets and shows the extent of capital that is tied up for the long-term. The earnings of asset-intensive companies are burdened by comparatively high amortization/depreciation and interest expenses, which are incurred regardless of fluctuations in employment or production and can at most be reduced in stages.

Non-current asset intensity is based specifically on property, plant and equipment which, in contrast to financial assets, are used directly for the company's production. Industries with a particularly high intensity of property, plant and equipment include heavy industries (shipbuilding and mechanical engineering) and energy companies.

Depending on the company or industry, the proportion and composition of intangible assets can also be important. Of particular interest are capitalized goodwill and capitalized development costs.

Depreciation ratio I

$$\frac{\text{Depreciation}}{\text{Property, plant and equipment}} \times 100\ \% \qquad (4)$$

Sample calculation

$$\frac{790 - 75}{4{,}435} \times 100\ \% = 16.1\ \%$$

Die Abschreibungsquote wird üblicherweise für das Sachanlagevermögen ermittelt. Sie gibt indirekt an, in welchem Zeitraum die Anlagen abgeschrieben sein werden.

Abschreibungsgrad

5

$$\frac{\text{Kumulierte Abschreibungen auf Sachanlagen}}{\text{Anschaffungs- u. Herstellungskosten d. Sachanlagen}} \times 100\ \%$$

Rechenbeispiel

$$\frac{6.065}{10.500} \times 100\ \% = 6{,}7\ \%$$

Der Abschreibungsgrad gibt an, in welchem Umfang die ursprünglichen Anschaffungs- oder Herstellungskosten des vorhandenen Sachanlagevermögens bereits abgeschrieben worden sind. Er ist eine wichtige Kennzahl für Produktionsunternehmen und sollte im Branchenvergleich sowie unter Berücksichtigung der technologischen Entwicklung gewürdigt werden.

Kennzahlen des Umlaufvermögens

Umlaufintensität

6

$$\frac{\text{Umlaufvermögen}}{\text{Gesamtvermögen}} \times 100\ \%$$

The ratio depreciation is normally determined for property, plant and equipment. It indirectly states the period over which the assets will be written down.

Degree of asset depreciation

$$\frac{\text{Accumulated depreciation}}{\text{Cost of property, plant and equipment}} \times 100\ \% \qquad (5)$$

Sample calculation

$$\frac{6{,}065}{10{,}500} \times 100\ \% = 6.7\ \%$$

The degree of asset depreciation gives the extent to which the original cost of existing property, plant and equipment has already been written down. This is an important indicator for production companies and should be assessed in an industry comparison, taking into account technological developments.

Ratios for current assets

Current asset intensity

$$\frac{\text{Current assets}}{\text{Total assets}} \times 100\ \% \qquad (6)$$

Rechenbeispiel

$$\frac{6.500}{11.845} \times 100\,\% = 54{,}9\,\%$$

Die Kennzahl gibt an, welche Anteile des Gesamtkapitals in kurzfristigen Vermögenswerten gebunden sind. Eine hohe Umlaufintensität deutet an, dass wesentliche Teile des Betriebsvermögens zeitnah liquidiert oder verflüssigt werden können. Das gilt nicht, wenn die hohe Umlaufintensität auf überhöhte Lagerhaltung oder Außenstände zurückzuführen ist und damit die Gefahr von Wertverlusten, hohen Lagerhaltungskosten oder Forderungsausfällen besteht.

Vorratsintensität

7

$$\frac{\text{Vorräte}}{\text{Gesamtvermögen}} \times 100\,\%$$

Rechenbeispiel

$$\frac{2.000}{11.845} \times 100\,\% = 16{,}9\,\%$$

Die Vorratsintensität beschreibt, in welchem Umfang Finanzmittel im Vorratsvermögen gebunden sind. Die Vorratsintensität ist **branchenabhängig**. Bei Handelsunternehmen ist sie relativ hoch, während sie im Dienstleistungssektor verhältnismäßig gering ist.

Sample calculation

$$\frac{6{,}500}{11{,}845} \times 100\,\% = 54.9\,\%$$

This ratio shows the percentage of total capital tied up in current assets. A high current asset intensity means that significant proportions of business assets can be liquidated at short notice. This is not the case if the high current asset intensity is attributable to excessive stocks or outstanding receivables and therefore entails the risk of losses in value, high storage costs or bad debts.

Inventory intensity

$$\frac{\text{Inventories}}{\text{Total assets}} \times 100\,\%$$ 7

Sample calculation

$$\frac{2{,}000}{11{,}845} \times 100\,\% = 16.9\,\%$$

Inventory intensity describes the extent to which cash is tied up in inventories. This ratio **varies from industry to industry**. For trading companies, it is relatively high, whereas in the service sector it is relatively low.

Zum Vorratsvermögen zählen auch noch nicht abgerechnete und **in Arbeit befindliche Aufträge**.

! Langfristige, kundenspezifische Aufträge sind im IFRS-Abschluss entsprechend ihrem Fertigungsgrad als Umsatz mit anteiliger Gewinnrealisierung zu behandeln, wenn der Fertigstellungsgrad und das Ergebnis des Fertigungsauftrags verlässlich ermittelt werden können. Damit verringert sich das Vorratsvermögen.

Working Capital

8		
	Vorratsvermögen	2.000
	+ kurzfristige Forderungen	+ 3.800
	– kurzfristige unverzinsl. Verbindlichkeiten	– 1.880
	= Working Capital	3.970

Eine wichtige Komponente zur Ermittlung und Beurteilung des Kapitalbedarfs ist das **Nettoumlaufvermögen** oder Working Capital. Es setzt sich aus dem Vorratsvermögen sowie den kurzfristigen Forderungen und Verbindlichkeiten aus laufender Geschäftstätigkeit zusammen und entspricht somit dem langfristig finanzierten Teil des Umlaufvermögens.

Inventories also include contracts not yet billed and work in progress.

> Long-term, customer-specific contracts must be treated in accordance with their percentage of completion as revenue in the IFRS financial statements, with proportional revenue recognition if the percentage of completion and results of the construction contract can be reliably measured. Inventories are reduced as a result.

!

Working capital

Inventories	2,000	8
+ current receivables	+ 3,800	
– current non-interest-bearing liabilities	– 1,880	
= working capital	3,970	

An important component for determining and assessing the capital requirement is **working capital**. It is comprised of inventories, current receivables and current liabilities from operating activities and thus corresponds to the long-term financed portion of current assets.

Kennzahlen zur Kapitalstruktur

Investiertes Kapital

9	Eigenkapital	5.265
	+ langfristige Rückstellungen	+ 650
	+ verzinsl. Fremdkapital (3.750 + 350)	+ 4.050
	= Investiertes Kapital	9.965

Das „investierte Kapital" entspricht der Summe von Eigenkapital und Finanzschulden zuzüglich langfristiger Rückstellungen, insbesondere Pensionsrückstellungen.

In der Bilanz nicht enthalten sind die im Operating Lease genutzten Anlagen. Insofern ist dem investierten Kapital bei wesentlichem Leasingvermögen der Kapitalwert der künftigen Leasingaufwendungen hinzuzurechnen.

Eigenkapitalquote

10

$$\frac{\text{Eigenkapital}}{\text{Gesamtkapital}} \times 100\ \%$$

Rechenbeispiel

$$\frac{5.265}{11.845} \times 100\ \% = 44{,}4\ \%$$

Die Eigenkapitalquote gibt den Eigenkapitalanteil am Gesamtkapital (Bilanzsumme) an.

Ratios for the capital structure

Invested capital

Equity	5,265	9
+ non-current provisions	+ 650	
+ interest-bearing debt (3,750 + 350)	+ 4,050	
= invested capital	9,965	

"Invested capital" is the sum of equity and financial liabilities plus non-current provisions, especially pension provisions.

Not included in the statement of financial position are assets used in operating leases. As such, for material leased assets, the net present value of future lease expenses must be added to the invested capital.

Equity ratio

$$\frac{\text{Equity}}{\text{Total capital}} \times 100\ \%$$ 10

Sample calculation

$$\frac{5{,}265}{11{,}845} \times 100\ \% = 44.4\ \%$$

The equity ratio gives the proportion of equity in total capital (balance sheet total).

Je höher der Eigenkapitalanteil ist, desto besser werden **finanzielle Stabilität**, Kreditwürdigkeit und Bonität des Unternehmens beurteilt. Die übliche, als angemessen betrachtete Eigenkapitalausstattung ist nach Branchen und Ländern unterschiedlich.

Alternativ kann die Eigenkapitalquote auf das investierte Kapital (s. S. 36) bezogen werden, das nur das verzinsliche Kapital berücksichtigt.

Fremdkapitalquote

11

$$\frac{\text{Fremdkapital}}{\text{Gesamtkapital}} \times 100\ \%$$

Rechenbeispiel

$$\frac{6.580}{11.845} \times 100\ \% = 55{,}6\ \%$$

Die Fremdkapitalquote (*Leverage*) nennt den Anteil des Fremdkapitals am Gesamtkapital (= Bilanzsumme). Sie ist eine Komplementärkennzahl zur Eigenkapitalquote und wird auch als **Anspannungskoeffizient** bezeichnet. Eine hohe Fremdkapitalquote engt die **finanzielle Flexibilität** ein.

Die Formel für die Fremdkapitalquote wird teilweise dahin gehend abgewandelt, dass als Fremdkapital nur das verzinsliche Fremdkapital oder nur die Nettoverschuldung (s. S. 44) und im Nenner als Gesamtkapital das investierte Kapital (S. 36) angesetzt werden.

The higher the proportion of equity, the better the assessment of the company's **financial stability**, creditworthiness and credit rating. What is deemed to be a normal, adequate equity base varies by industry and country.

!

Alternatively, the equity ratio can be based on invested capital (see page 37), which only takes into account interest-bearing capital.

Leverage ratio

$$\frac{\text{Total liabilities}}{\text{Total capital}} \times 100\ \%$$

11

Sample calculation

$$\frac{6{,}580}{11{,}845} \times 100\ \% = 55.6\ \%$$

Leverage ratio is the proportion of debt in total capital (= balance sheet total). It is complementary to the equity ratio and is also referred to as the **debt to total capital ratio**. High leverage restricts **financial flexibility**.

The leverage ratio formula is modified such that only interest-bearing liabilities or only net debt (see page 45) are used and invested capital (see page 37) is used as the denominator in place of total capital.

Rücklagenintensität

12 $$\frac{\text{Kapital- + Gewinnrücklagen}}{\text{Gesamtkapital}} \times 100\ \%$$

Rechenbeispiel

$$\frac{700 + 2.800}{11.845} \times 100\ \% = 29{,}5\ \%$$

Bei hoher Rücklagenintensität verringert sich das Risiko, dass das nominelle Haftungskapital durch Verluste aufgezehrt wird.

Rückstellungsquote

13 $$\frac{\text{(Langfristige) Rückstellungen}}{\text{Gesamtkapital}} \times 100\ \%$$

Rechenbeispiel

$$\frac{650}{11.845} \times 100\ \% = 5{,}5\ \%$$

Reserve intensity

$$\frac{\text{Capital reserves + revenue reserves}}{\text{Total capital}} \times 100\ \%$$ 12

Sample calculation

$$\frac{700 + 2{,}800}{11{,}845} \times 100\ \% = 29.5\ \%$$

The higher the reserve intensity, the lower the risk that nominal liable capital is used up by losses.

Provision ratio

$$\frac{\text{(Non-current) provisions}}{\text{Total capital}} \times 100\ \%$$ 13

Sample calculation

$$\frac{650}{11{,}845} \times 100\ \% = 5.5\ \%$$

Im Hinblick auf die besondere Finanzierungsfunktion der langfristigen Rückstellungen ist im Zeit- und Branchenvergleich interessant, welchen Anteil diese Rückstellungen am Gesamtkapital des Unternehmens haben. Beim zwischenbetrieblichen Vergleich ist zu berücksichtigen, dass ein vorhandenes Deckungsvermögen mit den Pensionsrückstellungen zu verrechnen ist und nur der Saldo in der Bilanz ausgewiesen wird.

Verschuldungskoeffizient

14

$$\frac{\text{Fremdkapital}}{\text{Eigenkapital}} \times 100\ \%$$

Rechenbeispiel

$$\frac{6.580}{5.265} \times 100\ \% = 125{,}0\ \%$$

Der Verschuldungskoeffizient gibt an, in welchem Umfang Fremdkapitalgeber zur Unternehmensfinanzierung beitragen. Unter Berücksichtigung des Leverage-Effekts ist ein hoher Fremdkapitalkoeffizient rentabilitätsmäßig positiv zu bewerten, doch führen die laufenden Zahlungen für den Kapitaldienst (Zins und Tilgung) und die Abhängigkeit von den Fremdkapitalgebern zu Risiken für die finanzielle Stabilität des Unternehmens.

Außerbilanzielle Finanzierungsformen wie Leasing oder Factoring bleiben beim Verschuldungskoeffizienten im Allgemeinen außer Ansatz.

In light of the special financing function of non-current provisions, it is interesting to see how provisions as a percentage of total capital vary over time and across the sector. When making a comparison between companies, care must be taken that any plan assets are offset against the pension provisions and only the net total is disclosed in the balance sheet.

Gearing ratio

$$\frac{\text{Total liabilities}}{\text{Equity}} \times 100\ \% \qquad \boxed{14}$$

Sample calculation

$$\frac{6{,}580}{5{,}265} \times 100\ \% = 125.0\ \%$$

The gearing ratio gives the extent to which lenders contribute to the company's financing. Taking into account the leverage effect, a high gearing ratio is positive from the perspective of profitability, although ongoing payments for interest and principal payments and dependence on lenders give rise to risks to the financial stability of the company.

Off-balance sheet forms of financing, such as leasing or factoring, are generally not included in the gearing ratio.

Nettoverschuldung

15		
	Verzinsl. Fremdkapital (3.700 + 350)	4.050
	– flüssige Mittel	– 650
	= Nettoverschuldung	3.400

Die Nettoverschuldung ergibt sich aus der Verrechnung des zinstragenden Fremdkapitals mit den flüssigen Mitteln. Sie entspricht den verbleibenden Finanzschulden, wenn die flüssigen Mittel zur Tilgung des verzinslichen Fremdkapitals eingesetzt werden. Zu den flüssigen Mitteln werden auch börsengängige Wertpapiere des Umlaufvermögens gerechnet.

Verschuldungsfaktor

16

$$\frac{\text{Nettoverschuldung}}{\text{EBITDA}}$$

Rechenbeispiel

$$\frac{3.400}{1.640} = 2{,}1$$

Der Verschuldungsfaktor drückt aus, um welchen Faktor die Nettoverschuldung das Ergebnis vor Abschreibungen, Zinsen und Steuern (EBITDA, s. S. 104) übersteigt. Sie ist Ausdruck der Tilgungsfähigkeit im Zeitverlauf.

Net debt

Interest-bearing debt		15
(3,700 + 350)	4,050	
– cash and cash equivalents	– 650	
= net debt	3,400	

Net debt is interest-bearing debt offset against cash and cash equivalents. It corresponds to the financial liabilities remaining if cash and cash equivalents were used to repay interest-bearing debt. Marketable securities held as current assets also count as cash and cash equivalents.

Debt factor

$$\frac{\text{Net debt}}{\text{EBITDA}}$$ 16

Sample calculation

$$\frac{3{,}400}{1{,}640} = 2.1$$

Debt factor expresses the factor by which net debt exceeds earnings before interest, taxes, depreciation and amortization (EBITDA, see page 105). It is an expression of the company's ability to repay its debts over time.

Fremdkapitalstruktur

17

$$\frac{\text{Kurzfristige Verbindlichkeiten}}{\text{Fremdkapital}} \times 100\ \%$$

Rechenbeispiel

$$\frac{2.230}{6.580} \times 100\ \% = 33{,}9\ \%$$

Hier werden die kurzfristigen Verbindlichkeiten, die kurzfristig zu Zahlungen an außenstehende Gläubiger führen, zum gesamten Fremdkapital ins Verhältnis gesetzt. In der Regel handelt es sich um Geschäftsschulden, die zumindest formal unverzinslich sind.

Intensität des langfristigen Kapitals

18

$$\frac{\text{Eigenkapital + langfr. Fremdkapital}}{\text{Gesamtkapital}} \times 100\ \%$$

Rechenbeispiel

$$\frac{65.265 + 4.350}{11.845} \times 100\ \% = 81{,}2\ \%$$

Die stichtagsbezogene Kennzahl zeigt an, in welchem Umfang dem Unternehmen langfristiges Kapital zur Verfügung steht. Die langfristige Kapitalüberlassung sollte mit der Anlagenintensität (s. S. 26) verglichen werden.

Debt structure

$$\frac{\text{Current liabilities}}{\text{Total liabilities}} \times 100\ \%$$ **17**

Sample calculation

$$\frac{2{,}230}{6{,}580} \times 100\ \% = 33.9\ \%$$

This ratio shows current liabilities, which result in short-term payments to external creditors, as a percentage of total debt. Generally this relates to business liabilities which at least formally do not bear interest.

Intensity of long-term capital

$$\frac{\text{Equity + non-current liabilities}}{\text{Total capital}} \times 100\ \%$$ **18**

Sample calculation

$$\frac{65{,}265 + 4{,}350}{11{,}845} \times 100\ \% = 81.2\ \%$$

This ratio, measured as of the closing date, shows the extent of non-current capital available to the company. The available non-current capital should be compared with the non-current asset intensity (see page 27).

Umschlagshäufigkeit und Laufzeit

Umschlagshäufigkeiten und Laufzeiten der Vermögenswerte und Schulden drücken die Bindungsdauer der Finanzmittel im betrieblichen Vermögen bzw. die Dauer der Kreditinanspruchnahme aus. Dabei sollten nach Möglichkeit anstelle der mehr oder weniger zufallsbedingten Bestände des Bilanzstichtags die **durchschnittlichen Bestände** während des Geschäftsjahres zugrunde gelegt werden.

> **!** Generell sind eine hohe Umschlagshäufigkeit und damit eine kurzfristige Mittelbindung im Hinblick auf Flexibilität und Werthaltigkeit positiv zu beurteilen.

Kennzahlen der Umschlagshäufigkeit

Umschlagshäufigkeit des Gesamtvermögens

19 $$\frac{\text{Umsatz}}{\text{Gesamtvermögen}}$$

Rechenbeispiel

$$\frac{8.400}{11.845} = 0,7$$

Turnover and term

Turnover and terms of assets and liabilities refer to the tie-up period of funds in operating assets or respectively to the period of utilization for borrowings. Where possible, these ratios should be based on **average values** over the financial year rather than on the closing date values, which are more or less random.

In general, high turnover and thus short-term tie-up of funds are with regard to flexibility and worthiness deemed positive.

Turnover ratios

Total asset turnover

$$\frac{\text{Revenue}}{\text{Total assets}}$$ 19

Sample calculation

$$\frac{8{,}400}{11{,}845} = 0.7$$

Die Umschlagshäufigkeit des Gesamtvermögens gibt an, wie oft das betriebliche Vermögen im Geschäftsjahr umgeschlagen wird. Sie entspricht dem Umschlag des Gesamtkapitals.

Je schneller und öfter das Kapital durch die Umsatzerlöse „wiedergewonnen" wird, desto geringer ist der zeitlich gewichtete **Kapitaleinsatz**.

Umschlagshäufigkeit des Sachanlagevermögens

20 $$\frac{\text{Umsatz}}{\text{Sachanlagevermögen}}$$

Rechenbeispiel

$$\frac{8.400}{4.435} = 1{,}9$$

Zur Ermittlung der Umschlagshäufigkeit des Sachanlagevermögens wird der Buchwert des Sachanlagevermögens zu den im Geschäftsjahr erzielten Umsatzerlösen in Beziehung gesetzt. Die Umschlagshäufigkeit ist ein **Ausdruck der Anlagenintensität** der betrieblichen Leistungserstellung (s. auch S. 26).

Bei wesentlichem Umfang sollten die immateriellen Anlagewerte einbezogen werden, weil sie ebenfalls zur betrieblichen Leistungserstellung genutzt werden, z. B. Patente und Entwicklungsprojekte.

Total asset turnover states how often operating assets are turned over in a financial year. It corresponds to total capital turnover.

The faster and more frequently capital is "won back" through revenue, the lower the time-weighted **capital employed**.

Property, plant and equipment turnover

$$\frac{\text{Revenue}}{\text{Property, plant and equipment}} \qquad (20)$$

Sample calculation

$$\frac{8,400}{4,435} = 1.9$$

Property, plant and equipment turnover is determined as a ratio of revenue generated in the financial year to the carrying amount of property, plant and equipment. This turnover **expresses the non-current asset intensity** of operations (see also page 27).

If significant in volume, intangible assets should also be included, because they are also used for operational performance, e.g., patents and development projects.

Abschreibungsquote II

Eine andere Maßgröße für die **Bindungsdauer des Sachanlagevermögens** ist die Abschreibungsquote der ursprünglichen Anschaffungs- oder Herstellungskosten der Sachanlagen. Auszugehen ist von den jährlichen planmäßigen Abschreibungen.

21

$$\frac{\text{Abschreibungen auf Sachanlagen}}{\text{Sachanlagevermögen zu AK oder HK}}$$

Rechenbeispiel

$$\frac{790 - 75}{10.500} = 0{,}07$$

Die historischen Anschaffungs- oder Herstellungskosten sind dem sog. Anlagespiegel zu entnehmen. Die Kennzahl nennt den Anteil der Sachanlageinvestitionen, der in der Abrechnungsperiode über dem Umsatz „wiedergewonnen" wurde. Sie eignet sich gut für den Branchenvergleich.

Die Kennzahl wird beeinflusst von der Zusammensetzung des abnutzbaren Anlagevermögens und von der Abschreibungspolitik. Sie lässt im Einzelfall näher zu verifizierende Rückschlüsse auf das **Alter der Anlagen** zu.

Depreciation ratio II

Another measure for the **turnover period of property, plant and equipment** is the depreciation ratio of the original cost of property, plant and equipment. Planned depreciation is to be taken as the basis.

$$\frac{\text{Depreciation of property, plant and equipment}}{\text{Property, plant and equipment at cost}} \qquad \boxed{21}$$

Sample calculation

$$\frac{790 - 75}{10{,}500} = 0.07$$

Historical cost is to be taken from the statement of changes in non-current assets. The ratio gives the proportion of investments in property, plant and equipment "won back" in the accounting period through revenue. It is ideal for industry comparisons.

The ratio is affected by the composition of depreciable non-current assets and by the depreciation policy. It allows more precisely verifiable conclusions to be drawn about the **age of non-current assets**.

Abschreibungsdauer

In der Umkehr der Abschreibungsquote II ergibt diese Kennzahl den Zeitraum, in dem die Anschaffungskosten der Sachanlagen „verdient" werden.

22 $$\frac{\text{Sachanlagevermögen zu AK oder HK}}{\text{Jahresabschreibung}}$$

Rechenbeispiel

$$\frac{10.500}{715} = 14{,}7 \text{ Jahre}$$

Umschlagshäufigkeit des Umlaufvermögens

23 $$\frac{\text{Umsatz}}{\text{Umlaufvermögen}}$$

Rechenbeispiel

$$\frac{8.400}{3.970} = 2{,}1$$

Die Umschlagshäufigkeit des Umlaufvermögens fasst sehr unterschiedliche Vermögensposten zusammen. Sie ist stark **branchenabhängig** und sollte für die im Einzelfall relevanten Posten des Umlaufvermögens jeweils gesondert ermittelt werden.

Depreciation period

In a reversal of the depreciation ratio II, this ratio gives the period in which the cost of the property, plant and equipment is "earned".

$$\frac{\text{Property, plant and equipment at cost}}{\text{Annual depreciation}} \qquad 22$$

Sample calculation

$$\frac{10,500}{715} = 14.7 \text{ years}$$

Current asset turnover

$$\frac{\text{Revenue}}{\text{Current assets}} \qquad 23$$

Sample calculation

$$\frac{8,400}{3,970} = 2.1$$

Current asset turnover pools very different asset items. It varies substantially from **industry to industry** and should be determined separately for the relevant current asset items in each case.

Umschlagshäufigkeit des Working Capitals

24 $$\frac{\text{Umsatz}}{\text{Working Capital}}$$

Rechenbeispiel

$$\frac{8.400}{3.970} = 2{,}1$$

Eine aussagekräftigere Variante der Umschlagshäufigkeit des Umlaufvermögens ist die Umschlagshäufigkeit des Netto-Umlaufvermögens oder Working Capitals (s. S. 34). Zur **Ermittlung des Kapitalbedarfs** zeigt sie an, wie viel Working Capital durchschnittlich zur Erzielung eines bestimmten Umsatzes vorgehalten werden muss.

Umschlagshäufigkeit des Vorratsvermögens

25 $$\frac{\text{Umsatz}}{\text{Vorräte}}$$

Rechenbeispiel

$$\frac{8.400}{2.000} = 4{,}2$$

Working capital turnover

$$\frac{\text{Revenue}}{\text{Working capital}}$$

24

Sample calculation

$$\frac{8{,}400}{3{,}970} = 2.1$$

A more meaningful version of current asset turnover is the turnover of net current assets or working capital (see page 35). In order to **determine capital requirements**, this ratio shows how much working capital must be retained on average to achieve a certain level of revenue.

Inventory turnover

$$\frac{\text{Revenue}}{\text{Inventories}}$$

25

Sample calculation

$$\frac{8{,}400}{2{,}000} = 4.2$$

Nach dem Rechenbeispiel hat sich das Vorratsvermögen 4,2-mal im Geschäftsjahr umgeschlagen. Im Einzelfall kann es sinnvoll sein, den Lagerumschlag für wichtige Einzelposten des Vorratsvermögens (z. B. Rohstoffe, Erzeugnisse, Waren) separat zu ermitteln.

In Handelsunternehmen ist der **Warenumschlag** eine zentrale Steuerungsgröße und Zielvorgabe für die Warenwirtschaft. Ein geringer Warenumschlag bedeutet hohe Kapitalbindung und kann ein Indiz für Ladenhüter und unverkäufliche Ware sein.

Umschlagshäufigkeit der Debitoren

26
$$\frac{\text{Umsatz}}{\text{Forderungen aus L + L}}$$

Rechenbeispiel

$$\frac{8.400}{2.700} = 3{,}1$$

Die Umschlagshäufigkeit der Forderungen aus Lieferungen und Leistungen, die auch als „Debitoren" bezeichnet werden, entspricht dem Faktor, um den der Umsatz den (durchschnittlichen) Bestand der Debitoren übersteigt.

In the example calculation, inventories turned over 4.2 times in the financial year. In some cases, it may be useful to calculate inventory turnover for important inventory items (e.g., commodities, products, merchandise) separately.

In trading companies, **stock turnover** is a key performance indicator and target for merchandise management. A low stock turnover means a high level of tied-up capital and can indicate slow sellers or dead stock.

Trade receivables turnover

$$\frac{\text{Revenue}}{\text{Trade receivables}} \qquad (26)$$

Sample calculation

$$\frac{8{,}400}{2{,}700} = 3.1$$

The turnover of trade receivables, which are also referred to as "accounts receivable", is the factor by which revenue exceeds (average) accounts receivable.

Je niedriger der Debitorenumschlag ist, desto größer ist die Gefahr, dass das Unternehmen bei Zahlungsschwierigkeiten seiner Kunden ebenfalls Liquiditätsprobleme bekommt. Bei der Analyse ist wichtig, auf wie viele Kunden sich der Forderungsbestand verteilt. Bei geringer Anzahl steigt die Abhängigkeit von der Solvenz und Zahlungsbereitschaft einzelner Kunden.

Umschlagshäufigkeit der Kreditoren

27

$$\frac{\text{Umsatzkosten}}{\text{Verbindlichkeiten aus L + L}}$$

Rechenbeispiel

$$\frac{5.050}{1.450} = 3{,}5$$

Die Umschlagshäufigkeit der Verbindlichkeiten aus Lieferungen und Leistungen oder Kreditoren wird sachgerechterweise nicht auf den Umsatz, sondern auf den Material- oder Wareneinsatz oder auf die Umsatzkosten bezogen. Die Bezugnahme auf die Umsatzkosten ist insofern grob, als Letztere auch Personalaufwendungen enthalten.

The lower the receivable trade turnover, the larger the risk that the company will have liquidity problems if its customers have payment difficulties. For the analysis, the number of customers over which the receivables are spread is important. The lower the number of customers, the greater the dependence on the solvency and willingness to pay of individual customers.

Trade payables turnover

$$\frac{\text{Cost of sales}}{\text{Trade payables}}$$ 27

Sample calculation

$$\frac{5{,}050}{1{,}450} = 3.5$$

The turnover of trade payables, or accounts payable turnover is based not on revenue, but on cost of materials or cost of sales. The reference to cost of sales is approximate inasmuch as it also includes personnel expenses.

Laufzeiten

Debitorenlaufzeit

28	$$\frac{\text{Forderungen aus L + L}}{\text{Umsatz}} \times 365$$

Rechenbeispiel

$$\frac{2.700}{8.400} \times 365 = 117 \text{ Tage}$$

Die Laufzeit der Debitoren entspricht dem von den Kunden in Anspruch genommenen Zahlungsfristen (= **Zielinanspruchnahme der Kunden**). Die Kennzahl gibt an, nach wie vielen Tagen die Forderungen aus Lieferungen und Leistungen beglichen werden.

Das Rechenbeispiel zeigt eine relativ lange Zielinanspruchnahme von vier Monaten. Lange Debitorenlaufzeiten bedeuten nicht nur eine hohe Zinsbelastung für das Unternehmen, sondern auch eine erhöhte Gefahr von Forderungsausfällen. Das Unternehmen sollte also geeignete Maßnahmen einleiten (z. B. verbessertes Mahnwesen oder Skontogewährung), um die Debitorenlaufzeit zu verkürzen.

Terms

Day sales outstanding

$$\frac{\text{Trade receivables}}{\text{Revenue}} \times 365$$

28

Sample calculation

$$\frac{2,700}{8,400} \times 365 = 117 \text{ days}$$

The term of trade receivables is referred to as day sales outstanding (= **time customers take to pay**). It states how many it days it takes for accounts receivable to be settled.

The example calculation shows a relatively long day sales outstanding of four months. A long day sales outstanding does not just mean high interest expenses for the company, it also poses the risk of bad debts. The company should introduce appropriate measures (e.g., improved dunning or granting of cash discounts) to bring down the day sales outstanding.

Kreditoreninanspruchnahme

29 $$\frac{\text{Verbindlichkeiten aus L + L}}{\text{Umsatzkosten}} \times 365$$

Rechenbeispiel

$$\frac{1.450}{5.050} \times 365 = 105 \text{ Tage}$$

Die Kennzahl drückt die Laufzeit der Lieferantenkredite oder die **Zielinanspruchnahme des Unternehmens** gegenüber seinen Lieferanten aus.

Das Rechenbeispiel zeigt mit 105 Tagen, also mehr als drei Monaten, eine verhältnismäßig lange Zielinanspruchnahme durch das Unternehmen. Hier ist zu prüfen, ob nicht durch eine kurzfristigere Zahlungsweise und die Inanspruchnahme von Skonto Kapitalkosten gespart werden können. Bei langer Zielinanspruchnahme ist außerdem zu befürchten, dass die Lieferanten in ihre Preise eine „Zitterprämie" für mögliche Zahlungsausfälle einkalkulieren.

Lieferantenschulden sind im Gegensatz zur landläufigen Meinung nicht unverzinslich. Das belegt die Tatsache der Skontogewährung. Werden beispielsweise 3 % Skonto bei Barzahlung innerhalb von zehn Tagen gewährt oder eine Zahlung nach zwei Monaten verlangt, errechnet sich für den „zinslosen" Lieferantenkredit ein Zinssatz von 22 % p. a.

Trade payables days

$$\frac{\text{Trade payables}}{\text{Cost of sales}} \times 365$$

29

Sample calculation

$$\frac{1,450}{5,050} \times 365 = 105 \text{ days}$$

This ratio expresses the term of supplier credit or the **time the company takes to pay** its suppliers.

The example calculation gives 105 days, i.e., more than three months, which means the company takes a relatively long time to pay. It should be checked whether cost of capital could be saved here by paying sooner and taking advantage of cash discounts. With long payment periods, there is also a risk that suppliers include a "trembling premium" in their prices for potential bad debts.

Contrary to popular opinion supplier credits are not interest-free. This is verified by the fact of giving a cash discount. If a cash discount of 3 % is allowed for payment within 10 days instead of paying the full amount within 2 months the interest rate is 22 % p. a.

Finanzierungsregeln

Finanzlage und Kreditwürdigkeit eines Unternehmens werden im ersten Schritt anhand der Bilanz und/oder Konzernbilanz beurteilt. Dabei wird neben der Kapitalstruktur insbesondere die **vertikale Bilanzstruktur** betrachtet, um festzustellen, ob und inwieweit die Mittelbindung der Dauer der Kapitalüberlassung entspricht. Aus der angestrebten Fristenkongruenz sind bestimmte Finanzierungsgrundsätze abgeleitet worden.

Die Gliederung der Bilanz in lang- und kurzfristige Vermögens- und Kapitalposten gibt die tatsächliche Bindungsdauer der Vermögens- und Kapitalbestände unzureichend wieder. Die zum Bilanzstichtag ausgewiesenen Bestände können von den durchschnittlichen Beständen erheblich abweichen. Künftige Veränderungen und Entwicklungen finden in der Bilanz keinen Niederschlag.

! Für die Absicherung der Finanzierung kommt es entscheidend auf die künftigen Cashflows (s. S. 84) sowie darauf an, ob kurzfristige Kredite prolongiert oder durch andere kurz- oder langfristige Kapitalüberlassungen (Kredite oder Eigenkapital) zu angemessenen Bedingungen ersetzt werden können.

Goldene Bilanzregel

Die goldene Bilanzregel verlangt, dass langfristig gebundenes Vermögen langfristig finanziert, also durch langfristiges Kapital gedeckt ist.

Financing rules

A company's financial situation and creditworthiness are initially assessed based on the statement of financial position and/or consolidated statement of financial position. In addition to the capital structure, the **vertical balance sheet structure** is particularly considered, in order to establish whether and to what extent the tie-up of funds corresponds to lending periods. Some financing policies are derived from target matching maturities.

The division of the statement of financial position into non-current and current assets and liabilities is insufficient for providing the actual tie-up period of assets and liabilities. The values disclosed as of the closing date can differ substantially from average values. Future changes and developments are not recorded in the balance sheet.

Crucial factors for safe financing are future cashflows (see page 85) and whether or not short-term loans can be extended or replaced by other current or non-current capital (loans or equity) on reasonable terms.

Golden balance sheet rule

The golden balance sheet rule requires non-current assets to have non-current financing, i.e., to be covered by non-current capital.

Deckungsgrade A–C

30

(A) $$\frac{\text{Anlagevermögen}}{\text{Eigenkapital}}$$

(B) $$\frac{\text{Anlagevermögen}}{\text{Eigenkapital + langfr. Fremdkapital}}$$

(C) $$\frac{\text{Anlageverm. + langf. gebundenes Umlaufverm.}}{\text{Eigenkapital + langfr. Fremdkapital}}$$

Rechenbeispiel

(A) $$\frac{5.345}{5.265} = 1{,}02$$

(B) $$\frac{5.345}{5.265 + 4.350} = 0{,}56$$

(C) $$\frac{5.345 + 1.985}{5.265 + 4.350} = 0{,}76$$

Nach der goldenen Bilanzregel soll das langfristig im Unternehmen gebundene Anlagevermögen durch das Eigenkapital (Deckungsgrad A) oder zumindest durch das Eigenkapital und das langfristige Fremdkapital (Deckungsgrad B) gedeckt sein.

Coverage ratios A–C

30

(A) $\frac{\text{Non-current assets}}{\text{Equity}}$

(B) $\frac{\text{Non-current assets}}{\text{Equity + non-current liabilities}}$

(C) $\frac{\text{Non-current assets + non-current operating assets}}{\text{Equity + non-current liabilities}}$

Sample calculation

$$(A)\ \frac{5,345}{5,265} = 1.02$$

$$(B)\ \frac{5,345}{5,265 + 4,350} = 0.56$$

$$(C)\ \frac{5,345 + 1,985}{5,265 + 4,350} = 0.76$$

Under the golden balance sheet rule, non-current assets that are tied-up in the company for the long-term are to be covered by equity (coverage ratio A) or at least by equity and non-current liabilities (coverage ratio B).

Die goldene Bilanzregel lässt sich dahin gehend erweitern, dass auch das langfristig gebundene Umlaufvermögen langfristig finanziert sein muss (Deckungsgrad C), z. B. der zur Aufrechterhaltung der Betriebsbereitschaft notwendige Mindestbestand an Vorratsvermögen oder an Working Capital. Im Rechenbeispiel wurden 50 Prozent des Working Capitals als Mindestbestand angenommen.

Anlagendeckungsgrad

31

I. $$\frac{\text{Eigenkapital}}{\text{Anlagevermögen}} \times 100\ \%$$

II. $$\frac{\text{Eigenkapital + langfr. Fremdkapital}}{\text{Anlagevermögen}} \times 100\ \%$$

Rechenbeispiel

I. $$\frac{5.265}{5.345} \times 100\ \% = 98\ \%$$

II. $$\frac{5.265 + 4.350}{5.345} \times 100\ \% = 180{,}0\ \%$$

Der Anlagendeckungsgrad leitet sich aus der goldenen Bilanzregel ab. Er zeigt an, in welchem Umfang das Anlagevermögen durch Eigenkapital bzw. durch Eigenkapital und langfristiges Fremdkapital gedeckt ist.

Bei einem Deckungsgrad von 100 % und mehr wird die goldene Bilanzregel eingehalten.

The golden balance sheet rule can be extended to the effect that non-current operating assets must also have non-current financing (coverage ratio C), e.g., the minimum level of inventories or working capital needed to maintain operational readiness. In the example calculation, 50% of working capital was assumed as minimum.

Assets ratio

I. $$\frac{\text{Equity}}{\text{Non-current assets}} \times 100\ \%$$ 31

II. $$\frac{\text{Equity + non-current liabilities}}{\text{Non-current assets}} \times 100\ \%$$

Sample calculation

I. $$\frac{5{,}265}{5{,}345} \times 100\ \% = 98\ \%$$

II. $$\frac{5{,}265 + 4{,}350}{5{,}345} \times 100\ \% = 180.0\ \%$$

The non-current assets ratio is derived from the golden balance sheet rule. It shows to what extent non-current assets are covered by equity or by equity and non-current liabilities.

The golden balance sheet rule is met if the cash ratio is 100 % or more.

Goldene Finanzierungsregel

32

$$\text{I. } \frac{\text{Kurzfristige Verbindlichkeiten}}{\text{Kurzfristiges Vermögen}}$$

$$\text{II. } \frac{\text{Langfristiges Kapital}}{\text{Langfristiges Vermögen}}$$

Rechenbeispiel

$$\text{I. } \frac{2.230}{6.500} = 0{,}34$$

$$\text{II. } \frac{5.265 + 4.350}{5.345} = 1{,}80$$

Die goldene Finanzierungsregel verlangt, dass das Kapital dem Unternehmen so lange zur Verfügung stehen soll, wie es in den Vermögensposten gebunden ist. Umgekehrt heißt das, das zur Verfügung stehende Kapital darf im betrieblichen Vermögen nur für die Dauer der Kapitalüberlassung gebunden sein. Werden langfristige Investitionen kurzfristig finanziert, ist die Substitution der kurzfristigen Finanzmittel durch Prolongation der Kredite oder durch neue Finanzmittel zu prüfen.

! Die genannten Regeln haben ihre grundsätzliche Berechtigung als **Indiz einer gesunden Finanzstruktur.** Wird in größerem Umfang und dauerhaft gegen sie verstoßen, kann es zu Finanzierungsengpässen kommen.

Golden rule of financing

32

I. $\frac{\text{Current liabilities}}{\text{Current assets}}$

II. $\frac{\text{Non-current capital}}{\text{Non-current assets}}$

Sample calculation

I. $\frac{2{,}230}{6{,}500} = 0.34$

II. $\frac{5{,}265 + 4{,}350}{5{,}345} = 1.80$

The golden rule of financing requires capital to be available to the company for as long as it is tied-up in asset items. Conversely, available capital may only be tied-up in operating assets for the duration of the capital commitment. If long-term investments have short-term financing, it must be checked whether the short-term finance can be replaced by extending the loans or through new funds.

The named rules basically act as an **indicator of a healthy financial structure**. If they are substantially and permanently violated, financing bottlenecks can arise.

!

Sonstige Finanzierungskennzahlen

Kurzfristige Kapitalbindung

33 $$\frac{\text{Kurzfristige Verbindlichkeiten}}{\text{Umsatz}} \times 100\ \%$$

Rechenbeispiel

$$\frac{2.230}{8.400} \times 100\ \% = 26{,}5\ \%$$

Wenn man die kurzfristigen Verbindlichkeiten durch den Umsatz dividiert, ergibt sich die kurzfristige Kapitalbindung. Sie lässt erkennen, welcher Teil des Umsatzes zur Tilgung der kurzfristigen Verbindlichkeiten, die insbesondere die Verbindlichkeiten aus Lieferungen und Leistungen enthalten, eingesetzt werden muss.

Tilgungsfähigkeit I

34 $$\frac{\text{Kurzfristige Forderungen}}{\text{Kurzfristige Verbindlichkeiten}} \times 100\ \%$$

Rechenbeispiel

$$\frac{2.700 + 1.150}{2.230} \times 100\ \% = 173\ \%$$

Other financing ratios

Short-term capital tie-up

$$\frac{\text{Current liabilities}}{\text{Revenue}} \times 100\ \% \qquad \boxed{33}$$

Sample calculation

$$\frac{2{,}230}{8{,}400} \times 100\ \% = 26.5\ \%$$

Dividing current liabilities by revenue gives the short-term capital tie-up. This identifies the proportion of revenue that would be needed to repay current liabilities, which mainly comprise trade payables.

Redemption capacity I

$$\frac{\text{Current receivables}}{\text{Current liabilities}} \times 100\ \% \qquad \boxed{34}$$

Sample calculation

$$\frac{2{,}700 + 1{,}150}{2{,}230} \times 100\ \% = 173\ \%$$

Die Tilgungsfähigkeit beschreibt, in welchem Umfang die kurzfristigen Verbindlichkeiten aus Zahlungseingängen der bestehenden kurzfristigen Forderungen getilgt werden können. Die Kennzahl wird als **Indikation für die Zahlungsfähigkeit** des Unternehmens aus dem operativen Geschäft angesehen.

Tilgungsfähigkeit II

35

$$\frac{\text{Gewinn vor Zinsen u. Steuern (EBIT)}}{\text{Kurzfristige Verbindlichkeiten}} \times 100\ \%$$

Rechenbeispiel

$$\frac{850}{2.230} \times 100\ \% = 38{,}1\ \%$$

Das Verhältnis von EBIT (s. S. 102) und kurzfristigen Verbindlichkeiten zeigt an, inwieweit die kurzfristigen Verbindlichkeiten aus dem operativen Ergebnis getilgt werden können. Eine geringe Tilgungsrate kann ein erster Hinweis für Kreditgeber sein, dass die kurz- und langfristigen Schulden nicht voll oder nicht rechtzeitig bedient werden können.

Redemption capacity describes the extent to which current liabilities can be repaid using payments received for current receivables. This ratio is seen as an **indicator of the company's redemption capacity** from operating business.

Redemption capacity II

$$\frac{\text{Earnings before interest and taxes (EBIT)}}{\text{Current liabilities}} \times 100\ \%$$

35

Sample calculation

$$\frac{850}{2{,}230} \times 100\ \% = 38.1\ \%$$

The ratio of EBIT (see page 103) to current liabilities shows to what extent current liabilities can be repaid from operating earnings. A low redemption rate can be the first indication for lenders that current and non-current liabilities cannot be serviced in full or on time.

Reichweite des Eigenkapitals

36

$$\frac{\text{Eigenkapital}}{\text{Jahresfehlbetrag}}$$

Rechenbeispiel

Angenommener Jahresfehlbetrag: 675

$$\frac{5.295}{675} = 7{,}8$$

Bei auftretenden Verlusten stellt sich die Frage, in welchem Umfang weitere Verluste durch das Eigenkapital gedeckt sind. Die Reichweite gibt an, wie lange das vorhandene Eigenkapital vorhält, wenn sich der Jahresverlust in den kommenden Geschäftsjahren fortsetzt. (Siehe dazu auch die Rücklagenintensität, S. 40.)

Range of equity

$$\frac{\text{Equity}}{\text{Loss for the year}}$$

36

Sample calculation

Assumed loss for the year: 675

$$\frac{5{,}295}{675} = 7.8$$

In the event of losses, the question arises of to what extent further losses are covered by equity. The range of equity states how long the existing equity will last if the annual loss continues in coming financial years. (See also reserve intensity, page 41.)

Liquiditätskennziffern

Nach der Deckung der kurzfristigen Verbindlichkeiten durch die kurzfristig verfügbaren liquiden Mittel unterscheidet man drei **Liquiditätsgrade**.

Liquidität 1. Grades

37

$$\frac{\text{Flüssige Mittel}}{\text{Kurzfristige Verbindlichkeiten}} \times 100\ \%$$

Rechenbeispiel

$$\frac{650}{2.230} \times 100\ \% = 29{,}1\ \%$$

Setzt man den Bestand an Zahlungsmitteln und Zahlungsmitteläquivalenten ins Verhältnis zu den kurzfristigen Zahlungsverpflichtungen, ergibt sich die Liquidität 1. Grades.

Liquidität 2. Grades

38

$$\frac{\text{Flüssige Mittel + kurzfr. Forderungen}}{\text{Kurzfristige Verbindlichkeiten}} \times 100\ \%$$

Liquidity ratios

After covering current liabilities with cash and cash equivalents, there are three different levels of solvency.

Solvency level 1

$$\frac{\text{Cash and cash equivalents}}{\text{Current liabilities}} \times 100\ \%$$

37

Sample calculation

$$\frac{650}{2{,}230} \times 100\ \% = 29.1\ \%$$

Calculating a ratio of cash and cash equivalents to current payment obligations gives solvency level 1.

Solvency level 2

$$\frac{\text{Cash and cash equivalents + current receivables}}{\text{Current liabilities}} \times 100\ \%$$

38

Rechenbeispiel

$$\frac{650 + 3.850}{2.230} \times 100\,\% = 202\,\%$$

Werden den flüssigen Mitteln die kurzfristigen Forderungen hinzugerechnet, erhält man die Liquidität 2. Grades. Diese Kennzahl wird im angloamerikanischen Bereich häufig als *Quick Ratio* oder *Acid Test* zur **Beurteilung der Kreditwürdigkeit** des Unternehmens verwendet. Die Quick Ratio soll mindestens 100 Prozent betragen.

Liquidität 3. Grades

39

$$\frac{\text{Fl. Mittel} + \text{kurzfr. Ford.} + \text{Vorratsvermögen}}{\text{Kurzfristige Verbindlichkeiten}} \times 100\,\%$$

Rechenbeispiel

$$\frac{650 + 3.850 + 2.000}{2.230} \times 100\,\% = 291\,\%$$

Rechnet man zu den flüssigen Mitteln und den kurzfristigen Forderungen das Vorratsvermögen hinzu, spricht man von der Liquidität 3. Grades. Ihr liegt die Überlegung zugrunde, dass das kurzfristige Vermögen die kurzfristigen Verbindlichkeiten decken soll (s. auch S. 72).

Sample calculation

$$\frac{650 + 3{,}850}{2{,}230} \times 100\,\% = 202\,\%$$

Adding current receivables to cash and cash equivalents gives solvency level 2. In the Anglo-American world, this ratio is often used as a *quick ratio* or *acid test* for **assessing the creditworthiness** of a company. The quick ratio should be at least 100%.

Solvency level 3

$$\frac{\text{Cash and cash equ.} + \text{curr. receiv.} + \text{inventories}}{\text{Current liabilities}} \times 100\,\%$$

39

Sample calculation

$$\frac{650 + 3{,}850 + 2{,}000}{2{,}230} \times 100\,\% = 291\,\%$$

Adding inventories to cash and cash equivalents and current receivables the relation to current liabilities gives solvency level 3. This is based on the consideration that current assets should cover current liabilities (see also page 73).

Cashflow-Kennzahlen

Als **Cashflow** bezeichnet man den Zu- und Abfluss von Zahlungsmitteln.

> **!** Die **Bedeutung des Cashflows** wird durch die Tatsache unterstrichen, dass für die Existenz und den wirtschaftlichen Erfolg eines Unternehmens letztlich entscheidend ist, dass nachhaltig Einzahlungsüberschüsse erzielt werden und stets ausreichende Zahlungsmittel verfügbar sind, um alle fälligen Zahlungsverpflichtungen erfüllen zu können.

Im Gegensatz zu den Posten der Bilanz und GuV wird der Cashflow nicht von Bilanzierungs- und Bewertungsgrundsätzen beeinflusst, da diese zahlungsunwirksam sind. Er ist weniger manipulierbar als das Jahresergebnis. Insofern ist der Cashflow aus laufender Geschäftstätigkeit nicht nur Ausdruck der Finanzkraft des Unternehmens, sondern auch ein Indikator für den Unternehmenserfolg.

In der Kapitalflussrechnung (KFR) werden die in der Rechnungsperiode geleisteten und erhaltenen Zahlungen zusammengefasst. Dabei werden **drei Hauptquellen der Zahlungsflüsse** herausgestellt, nämlich die laufende Geschäftstätigkeit (Umsatzbereich), die Investitionstätigkeit (Anlagenbereich) und die Finanzierungstätigkeit (Finanzbereich). Ihre Addition ergibt die in der Periode eingetretene Änderung der flüssigen Mittel des Unternehmens.

Cash flow ratios

Cash flow refers to inflows and outflows of cash.

The **importance of the cash flow** is underlined by the fact that the existence and economic success of an entity ultimately depend on the sustainable generation of a net cash inflow and the constant availability of sufficient cash and cash equivalents to meet all due payment obligations.

In contrast to the items of the statement of financial position and income statement, cash flow is not affected by accounting and valuation methods since they do not affect cash. It is less open to manipulation than net profit. As such, cash flow from operating activities not only express the financial strength of the company, it is also an indicator for the company's success.

The statement of cash flows summarizes all payments made and received in the accounting period. **Three main sources of cash flows** are highlighted, namely operating activities (turnover), investing activities (assets) and financing activities (finance). Their addition produces the change in cash and cash equivalents.

Inhalt der Kapitalflussrechnung

Für die IFRS-Rechnungslegung sind Inhalt und Gliederung der Kapitalflussrechnung (KFR) standardmäßig vorgegeben.

Cashflow aus laufender Geschäftstätigkeit

Der Cashflow aus laufender Geschäftstätigkeit oder operative Cashflow kann direkt oder indirekt ermittelt werden. **Direkt ermittelt** wird er aus folgenden Zahlungsströmen:

40

Einzahlungen von Kunden für den Verkauf von Erzeugnissen, Waren und Dienstleistungen

– Auszahlungen an Lieferanten und Beschäftigte

\+ sonstige Einzahlungen, die nicht der Investitions- oder Finanzierungstätigkeit zuzuordnen sind

– sonstige Auszahlungen, die nicht der Investitions- oder Finanzierungstätigkeit zugeordnet sind

± Ein- und Auszahlungen aus außerordentlichen Posten

= Cashflow aus laufender Geschäftstätigkeit

In der Praxis herrscht die **indirekte Ermittlung** wegen ihrer größeren Praktikabilität vor. Hierbei wird der operative Cashflow aus dem Periodenergebnis vor außerordentlichen Posten durch Hinzurechnung zahlungsunwirksamer Aufwendungen (z. B. Abschreibungen, Bildung von Rückstellungen) und Abzug nicht zahlungswirksamer Erträge (z. B. Zuschreibungen, Ansatz eines höheren Zeitwerts) abgeleitet.

Contents of the statement of cash flows

IFRSs prescribe the standard content and structure of the statement of cash flows.

Cash flow from operating activities

Cash flow from operating activities can be determined directly or indirectly. **Determined directly**, they comprise the following cash flows:

40

Proceeds from customers for the sale of products, goods and services
– payments to suppliers and employees
+ other proceeds not attributable to investing or financing activities
+ other payments not attributable to investing or financing activities
± proceeds and payments from extraordinary items

= Cash flow from operating activities

In practice, **indirect determination** prevails due to its great practicality. The operating cash flow is derived from the profit or loss for the period before extraordinary items by adding non-cash expenses (e.g., depreciation/amortization, recognition of provisions) and deducting non-cash income (e.g., write-ups, recognition of a higher fair value).

41

Periodenergebnis
± außerordentliche Erträge und Aufwendungen
± Ab-/Zuschreibungen des Anlagevermögens
± Ab-/Zunahme der Rückstellungen
± sonstige zahlungsunwirksame Aufwendungen
± Gewinn/Verlust aus dem Abgang von Gegenständen des Anlagevermögens
± Zu-/Abnahme des Working Capitals

= Cashflow aus laufender Geschäftstätigkeit

Der Cashflow aus laufender Geschäftstätigkeit drückt die eigene **Finanzkraft** des Unternehmens aus.

Cashflow aus der Investitionstätigkeit

Die Zahlungsströme aus der Investitionstätigkeit betreffen die Investitionen oder Desinvestitionen bei Sachanlagen, immateriellen Anlagewerten und Finanzanlagen. Der Cashflow aus der Investitionstätigkeit ist direkt zu ermitteln und sachgerecht zu gliedern.

42

Einzahlungen aus Anlageabgängen
– Auszahlungen für Investitionen im Anlagevermögen

= Cashflow aus der Investitionstätigkeit

Der Cashflow aus der Investitionstätigkeit bringt zum Ausdruck, in welchem Umfang das Unternehmen in neue Anlagen investiert. Er ist **Ausdruck der Investitionsintensität**.

41

Profit or loss for the period
± extraordinary income and expenses
± write-downs/write-ups of non-current assets
+ increase/decrease in provisions
± other non-cash expenses
± gain/loss on the disposal of non-current assets
± increase/decrease in working capital

= Cash flow from operating activities

Cash flow from operating activities expresses the company's own **financial strength**.

Cash flow from investing activities

Cash flow from investing activities relates to investments in or disposals of property, plant and equipment, intangible assets and financial assets. It is to be determined directly and broken down appropriately.

42

Proceeds from sale of non-current assets
– payments to acquire non-current assets

= Cash flow from investing activities

Cash flow from investing activities reflects the extent to which the company invests in new non-current assets. It expresses the **intensity of capital expenditure**.

Freier Cashflow

43	Cashflow aus der laufenden Geschäftstätigkeit	775
	– Cashflow aus der Investitionstätigkeit	– 665
	= Freier Cashflow	110

Der nach Verrechnung des Cashflows aus laufender Geschäftstätigkeit und aus der Investitionstätigkeit verbleibende Zahlungsüberschuss wird häufig als „freier Cashflow" bezeichnet. Er wird als der Zahlungsüberschuss interpretiert, der für den Kapitaldienst für aufgenommene Kredite und darüber hinaus für zusätzliche Investitionen zur Absicherung und zum Ausbau des Geschäfts oder für zusätzliche Kredittilgungen oder Kapitalherabsetzungen zur Verfügung steht.

Cashflow aus der Finanzierungstätigkeit

Der Cashflow aus der Finanzierungstätigkeit umfasst die Ein- und Auszahlungen, die das Eigenkapital und die Finanzschulden des Unternehmens berühren (Kapitalein- und -auszahlungen). Er wird ebenfalls direkt ermittelt:

44	Eigenkapitalzuführungen
	– Kapitalrückzahlungen
	+ Kreditaufnahmen
	– Kredittilgungen
	= Cashflow aus der Finanzierungstätigkeit

Free cash flow

Cash flow from operating activities	775	43
– cash flow from investing activities	– 665	
= Free cash flow	110	

The cash flow remaining after offsetting cash flow from investing activities against cash flow from operating activities is often referred to as "free cash flow". It is interpreted as the surplus cash flow available for servicing loans as well as for additional investments for making safe and expanding the business or additional repayment of loans or capital reductions.

Cash flow from financing activities

Cash flow from financing activities includes proceeds and payments relating to the company's equity and financial liabilities (capital paid in and disbursed). It is also determined directly:

Equity contributions	44
– capital repayments	
+ borrowings	
– repayments	
= Cash flow from financing activities	

Einzahlungen der Eigenkapitalgeber oder Unternehmenseigentümer führen zu einer Erhöhung des gezeichneten Kapitals oder der Kapitalrücklagen, während Auszahlungen an Eigenkapitalgeber, die über Ausschüttungen aus dem Bilanzgewinn hinausgehen, eine Folge von Rücklagenauflösungen oder Kapitalherabsetzungen sind. Die Ein- und Auszahlungen an die Fremdkapitalgeber beruhen auf Kreditaufnahmen bzw. -tilgungen.

Weitere Kennzahlen

Dynamischer Verschuldungsgrad

45

$$\frac{\text{Nettoverschuldung}}{\text{Cashflow aus laufender Geschäftstätigkeit}}$$

Rechenbeispiel

$$\frac{3.400}{775} = 4{,}4$$

Der auf Zahlungsvorgängen beruhende Cashflow ist besonders gut geeignet, um die Angemessenheit oder die Gefahr der Verschuldung des Unternehmens zu würdigen. Dazu wird der Cashflow aus laufender Geschäftstätigkeit zur Nettoverschuldung des Unternehmens (s. S. 44) in Relation gesetzt.

Proceeds from providers of equity or owners result in an increase in subscribed capital or the capital reserves, whereas payments to providers of equity that exceed distributions of retained earnings are the consequence of the dissolution of reserves or reductions in capital. Proceeds from and payments to lenders relate to borrowings and repayments.

Other ratios

Dynamic debt ratio

$$\frac{\text{Net debt}}{\text{Cash flow from operating activities}}$$

45

Sample calculation

$$\frac{3{,}400}{775} = 4.4$$

The cash flow based on payment transactions is particularly well suited for assessing the adequacy or risk of the company's indebtedness. For this purpose, cash flow from operating activities is expressed in relation to the company's net debt (see page 45).

Der dynamische Verschuldungsgrad gibt an, wie schnell die Nettoverschuldung (theoretisch) aus dem Cashflow aus laufender Geschäftstätigkeit auf null zurückgeführt werden kann. Manche **Kreditkonditionen** sehen vor, dass die Nettoverschuldung das x-Fache des Cashflows nicht übersteigen soll.

Cashflow-Marge

46

$$\frac{\text{Cashflow aus lauf. Geschäftstätigkeit}}{\text{Umsatz}} \times 100\ \%$$

Rechenbeispiel

$$\frac{775}{8.400} \times 100\ \% = 9{,}2\ \%$$

Die Cashflow-Marge ist ein Ausdruck der Umsatzrendite. Sie ist ein guter Indikator für die Ertrags- und Finanzkraft des Unternehmens. Sie zeigt an, wie viel Prozent der Umsatzerlöse nach Verrechnung der betrieblichen Auszahlungen als Zahlungsüberschuss verbleiben.

Cashflow-Rentabilität

47

$$\frac{\text{Cashflow aus lauf. Geschäftstätigkeit}}{\text{Investiertes Kapital}} \times 100\ \%$$

The dynamic debt ratio states how fast net debt can (theoretically) be repaid in full from the cash flow from operating activities. Some **loan conditions** stipulate that net debt may not exceed x times the cash flow.

Cash flow margin

$$\frac{\text{Cash flow from operating activities}}{\text{Revenue}} \times 100\ \%$$

46

Sample calculation

$$\frac{775}{8{,}400} \times 100\ \% = 9.2\ \%$$

The cash flow margin is an expression of return on revenue. It is a good indicator for the company's earnings power and financial strength. It shows the percentage of revenue that remains as surplus cash flows after offsetting operational payments.

Cash flow return on investment

$$\frac{\text{Cash flow from operating activities}}{\text{Invested capital}} \times 100\ \%$$

47

Rechenbeispiel

$$\frac{775}{9.965} \times 100\,\% = 7{,}8\,\%$$

Die Cashflow-Rentabilität zeigt, wie viel Prozent des investierten Kapitals mit dem aus laufender Geschäftstätigkeit erwirtschafteten Zahlungsüberschuss erzielt wurde. Der **CFROI** ist eine von börsennotierten Unternehmen häufig angegebene Kennzahl.

Investitionsintensität

48

$$\frac{\text{Cashflow aus Investitionstätigkeit}}{\text{Abschreibungen}} \times 100\,\%$$

Rechenbeispiel

$$\frac{665}{790} \times 100\,\% = 84{,}2\,\%$$

Die Kennzahl setzt den Cashflow aus der Investitionstätigkeit (= *Capital Expenditure*, abgekürzt *Capex*) ins Verhältnis zu den Abschreibungen. Die Kennzahl ist eine Orientierungsgröße für ausreichende Reinvestitionen und für Erweiterungsinvestitionen.

Sample calculation

$$\frac{775}{9{,}965} \times 100\,\% = 7.8\,\%$$

Cash flow return on investment (CFROI) shows the percentage of invested capital generated by the surplus cash flow earned through operating activities. **CFROI** is one of the ratios used frequently by listed companies.

Capital expenditure ratio

$$\frac{\text{Cash flow from investing activities}}{\text{Amortization, depreciation and write-downs}} \times 100\,\%$$

48

Sample calculation

$$\frac{665}{790} \times 100\,\% = 84.2\,\%$$

This ratio sets cash flow from investing activities (= *capital expenditure*, or *capex*) in relation to amortization, depreciation and write-downs. This ratio serves as a guideline for adequate reinvestments and for expansion investments.

Kennzahlen zur Erfolgsanalyse

Der **Zweck der GuV** ist die Ermittlung des Perioden- bzw. Jahresergebnisses und die Darstellung seiner Komponenten in Form von Erträgen und Aufwendungen.

Beim sog. **Gesamtkostenverfahren** werden in der GuV sämtliche betrieblichen Aufwendungen gezeigt, die im abgelaufenen Geschäftsjahr für die Produktion von unfertigen und fertigen Erzeugnissen sowie von Dienstleistungen angefallen sind. Die Gesamtleistung des Unternehmens schließt neben den erzielten Umsatzerlösen, die auch in der Vorperiode produzierte Leistungen betreffen können, die aktivierten Aufwendungen für noch nicht verkaufte Produkte und Dienstleistungen ein.

Beim **Umsatzkostenverfahren** werden nur die für die verkauften Produkte und Dienstleistungen entstandenen betrieblichen Aufwendungen gezeigt, und zwar nach ihrer funktionalen Zugehörigkeit zu Herstellungs-, Vertriebs- oder Verwaltungstätigkeiten.

Ergebnisstruktur

Das Perioden- bzw. Jahresergebnis lässt sich in folgende Zwischenergebnisse aufteilen, die jeweils eine spezifische Aussagekraft besitzen.

Ratios for profitability analysis

The **purpose of the income statement** is to determine profit/loss for the period/year and break down its components in the form of income and expenses.

For the **total cost method**, the income statement shows all operating expenses incurred in the financial year for the production of work in progress and finished goods as well as services. In addition to revenue generated, which may also relate to goods and services from the prior period, the company's total operating performance includes capitalized expenses for not yet sold products and services.

For the **cost of sales method**, only those operating expenses incurred for sold products and services are shown, and are disclosed according to their function as production, selling or administrative activities.

Earnings structure

Profit/loss for the period/year can be broken down into the following components, each of which is has informative value.

49

	Umsatz
+	sonstige betriebliche Erträge
–	operative Kosten
±	Finanzergebnis
–	Steuern
=	**Jahresüberschuss/Jahresfehlbetrag** des Konzerns
–	Minderheitenanteil
=	**Konzernergebnis**
+	Minderheiten
+	Steuern
=	**Ergebnis vor Steuern (EBT)**
±	Finanzergebnis
=	**Ergebnis vor Zins und Steuern (EBIT)**
+	Abschreibungen
=	**Ergebnis vor Abschreibungen, Zins und Steuern (EBITDA)**

Konzernergebnis, Ergebnis vor Steuern

Der Jahresüberschuss oder Jahresfehlbetrag des Konzerns (= **Konzernergebnis**) ist das Ergebnis, das den Gesellschaftern des Mutterunternehmens zuzurechnen ist. Es enthält nicht das Ergebnis, das anderen Gesellschaftern (= Minderheitsgesellschafter von Tochterunternehmen) zuzurechnen ist und bildet nach IFRS die Grundlage für die Errechnung des **Ergebnisses je Aktie** (s. S. 150).

49

	Revenue
+	other operating income
–	operating expenses
±	financial result
–	taxes
=	consolidated **profit/loss for the year**
–	non-controlling interests
=	**consolidated profit/loss for the year attributable to owners of the parent**
+	Non-controlling interests
+	taxes
=	**Earnings before taxes (EBT)**
±	financial result
=	**Earnings before interest and taxes (EBIT)**
+	Amortization and depreciation
=	**Earnings before interest, taxes, depreciation and amortization (EBITDA)**

Consolidated profit/loss, earnings before taxes

The group's profit or loss for the year (= **consolidated profit/loss**) is the profit/loss attributable to the owners of the parent. It does not include the profit/loss to be attributed to other owners (= non-controlling interests of subsidiaries) and, according to IFRSs, forms the basis for calculating **earnings per share** (see page 151).

Das **Ergebnis vor Steuern** (*Earnings before Taxes; EBT*) ermöglicht einen von der unternehmensindividuellen Steuerquote unabhängigen (internationalen) Ergebnisvergleich.

EBIT

„EBIT" ist die gebräuchliche Abkürzung für *„Earnings before Interest and Taxes"*. Das **Ergebnis vor Zinsen und Steuern** wird als unversteuertes operatives Ergebnis oder Betriebsergebnis angesehen. Das EBIT wird am häufigsten zur Beurteilung der Erfolgssituation von Unternehmen herangezogen, auch im internationalen Vergleich.

Das EBIT ist nicht eindeutig definiert. Häufig werden neben Zinsen und Steuern auch andere Finanzaufwendungen oder -erträge eliminiert, z. B. die Beteiligungsergebnisse. Oft wird die Kennzahl auch mit dem Betriebsergebnis gleichgesetzt, indem zusätzlich alle Aufwendungen und Erträge ausgesondert werden, die nicht unmittelbar dem operativen Geschäft zuzurechnen sind.

Die Kennzahl EBIT spielt in der **Kreditpraxis** der USA seit jeher eine große Rolle. So werden die Vergabe von Krediten und die damit verbundenen Kreditkonditionen z. B. vom Verhältnis des EBIT zu Fixkosten (*Coverage Covenants*) oder zur Verschuldung (*Leverage Covenants*) abhängig gemacht (**Kreditklauseln**).

Earnings before taxes (*EBT*) enables an (international) comparison of earnings that is independent of the company's tax rate.

EBIT

"EBIT" is the normal abbreviation for *earnings before interest and taxes*. **EBIT** is seen as an untaxed operating result. It is most frequently used to assess a company's success, including at an international level.

EBIT is not clearly defined. Other financial expenses as well as interest and taxes are also often eliminated, e.g., investment results. The ratio is also often equated with the operating result by additionally eliminating all expenses and income that are not directly attributable to operating business.

EBIT has always played a key role in US **lending practice**. The granting of loans and the related loan conditions are made conditional upon, e.g., the ratio of EBIT to fixed costs (coverage covenants) or to indebtedness (leverage covenants) (**loan clauses**).

EBITDA

Die Abkürzung „EBITDA" steht für *„Earnings before Interest, Taxes, Depreciation and Amortization"*. Die Kennzahl ergibt sich, wenn zum EBIT die planmäßigen Abschreibungen auf das Sachanlagevermögen und auf immaterielle Vermögenswerte hinzugerechnet werden. Damit soll die Vergleichbarkeit der Unternehmensergebnisse gegenüber dem EBIT insoweit verbessert werden, als die Abschreibungseffekte aus einer unterschiedlichen Vermögensstruktur oder die damit verbundene Bewertungspolitik ausgeschlossen werden.

Das EBITDA eignet sich besonders für die **Beurteilung junger, wachstumsstarker Unternehmen**, die wegen hoher Abschreibungen kein positives Jahresergebnis erwirtschaften.

50

Konzernergebnis	465
+ Minderheitenanteil	65
± außerordentliches Ergebnis	0
+ Steuern	225
= EBT	755
+ Zinsen	95
= EBIT	850
+ Abschreibungen	790
= EBITDA	1.640

EBITDA

"EBITDA" stands for earnings before interest, taxes, depreciation and amortization. This ratio results from adding depreciation of property, plant and equipment and amortization of intangible assets to EBIT. This aims to improve comparability of company results compared with EBIT by excluding the effects of depreciation and amortization from different asset structures or the associated measurement policies.

EBITDA is particularly suitable for **assessing young, high-growth companies** that do not generate a net profit due to high depreciation and amortization.

Consolidated profit/loss for the period	465	50
+ non-controlling interests	65	
± extraordinary result	0	
+ taxes	225	
= EBT	755	
+ interest	95	
= EBIT	850	
+ depreciation and amortization	790	
= EBITDA	1,640	

Versteuertes Betriebsergebnis (NOPAT)

51

EBIT	850
– operative Steuern (30 % × 850)	–255
= NOPAT	565

Das Betriebs- oder operative Ergebnis nach Steuern (NOPAT) lässt sich unternehmensextern nur unter Ansatz der pauschal ermittelten Steuerquote (S. 136) berechnen. Der Vorteil dieser Kennzahl liegt darin, dass sie nicht von der Kapitalstruktur des Unternehmens beeinflusst wird. Sie entspricht der Rendite nach Steuern im Fall einer reinen Eigenkapitalfinanzierung.

Finanzergebnis

In der GuV sind die Finanzierungsaufwendungen gesondert auszuweisen. Sie betreffen insbesondere die Zinsaufwendungen für die Finanzschulden. Das Finanzergebnis umfasst darüber hinaus das Ergebnis aus Beteiligungen und anderen Finanzanlagen. Es errechnet sich wie folgt:

52

Ergebnis aus Equity-Beteiligungen	0
+ Zinserträge	75
– Zinsaufwendungen	–220
± Ab-/Zuschreibungen auf Finanzanlagen	0
± Ab-/Zuschreibungen auf kurzfr. Wertpapiere	0
± sonst. finanzielle Erträge u. Aufwendungen	50
= Finanzergebnis	–95

Net operating profit after taxes (NOPAT)

EBIT	850	51
– operating taxes (30% × 850)	–255	
= NOPAT	565	

Net operating profit after taxes (NOPAT) can only be calculated externally if the flat-tax rate is disclosed (page 137). The advantage of this ratio is that it is not affected by the capital structure. It is the equivalent of return on equity after taxes in the case of pure equity financing.

Financial result

Finance costs must be disclosed separately in the income statement. They particularly relate to interest expenses for financial liabilities.

The financial result also includes profit or loss of equity investments and other financial assets. It is calculated as follows:

Profit from equity-accounted investments	0	52
+ interest income	75	
– interest expenses	–220	
± write-downs/write-ups of financial assets	0	
± write-downs/write-ups of current securities	0	
± other financial income and expenses	50	
= Financial result	–95	

Equity-Beteiligungen sind Beteiligungen an assoziierten Unternehmen sowie an nicht quotal konsolidierten Gemeinschaftsunternehmen. Die Ergebnisse aus **sonstigen Beteiligungen** (= Anteile an nicht in den Konzernabschluss einbezogenen Unternehmen) sind in den sonstigen finanziellen Erträgen und Aufwendungen enthalten.

Umsatzstruktur

Wertschöpfung des Unternehmens

Gesamtleistung		8.500
abzüglich Vorleistungen		
Materialaufwendungen	–4.400	
(planmäßige) Abschreibungen	–790	
Sonstige betriebliche Aufwendungen z. T.	–709	5.899
= Wertschöpfung		2.601
Personalaufwendungen	1.750	
Aufsichtsratsvergütung	1	
Anteil Arbeit		1751
Zinsaufwendungen	220	
sonst. Finanzergebnis	– 125	
Jahresergebnis	530	
Anteil Kapital		625
Steuern und Abgaben	225	
Anteil Gemeinwesen		225
		2.601

Equity investments are investments in associates and joint ventures that are not consolidated on a proportionate basis. Profits or losses from **other equity investments** (= shares in companies not included in the consolidated financial statements) are included under other financial income and expenses.

Revenue structure

Value added of the company

Total operating performance		8,500
less services received		
Cost of materials	–4,400	
(Planned) amortization and depreciation	–790	
Other operating expenses (partially)	–709	5,899
= Value added		2,601
Personnel expenses	1,750	
Supervisory board remuneration	1	
Share accounted for by labour		1,751
Interest expenses	220	
Other financial result	– 125	
Profit/loss for the year	530	
Share accounted for by capital		625
Taxes and charges	225	
Share accounted for by community		225
		2,601

Die Wertschöpfung des Unternehmens ergibt sich, wenn man von der Gesamtleistung die von außenstehenden Dritten erbrachten Sach- und Dienstleistungen abzieht. Die Wertschöpfung lässt sich in einer **Verteilungsrechnung** den einzelnen Produktionsfaktoren zuordnen.

Relative Wertschöpfung

Die relative Wertschöpfung setzt den Wertbeitrag des Unternehmens in Beziehung zum Umsatz oder zur Gesamtleistung.

53 a) $$\frac{\text{Wertschöpfung}}{\text{Umsatz}} \times 100\ \%$$

b) $$\frac{\text{Wertschöpfung}}{\text{Gesamtleistung}} \times 100\ \%$$

Rechenbeispiel

a) $$\frac{2.601}{8.400} \times 100\ \% = 31{,}0\ \%$$

b) $$\frac{2.601}{8.500} \times 100\ \% = 30{,}6\ \%$$

The company's value added is calculated by eliminating contributions in kind and services rendered by external third parties from total operating performance. Value added can be allocated to the individual production factors in a **statement of allocation**.

Relative value added

Relative value added states the company's value contribution as a percentage of revenue or total operating performance.

53

a) $$\frac{\text{Value added}}{\text{Revenue}} \times 100\ \%$$

b) $$\frac{\text{Value added}}{\text{Total operation performance}} \times 100\ \%$$

Sample calculation

a) $$\frac{2{,}601}{8{,}400} \times 100\ \% = 31.0\ \%$$

b) $$\frac{2{,}601}{8{,}500} \times 100\ \% = 30.6\ \%$$

Auftragsbestand

54

$$\frac{\text{Auftragsbestand}}{\text{Umsatz}} \times 12 \text{ Monate}$$

Rechenbeispiel

Annahme: Auftragsbestand = 1.000

$$\frac{1.000}{8.400} \times 12 \text{ Monate} = 14{,}3 \text{ Monate}$$

Insbesondere in Unternehmen mit langfristiger Fertigung, z. B. im Anlagen- und Schiffsbau, spielen der Auftragsbestand und die damit verbundene Kapazitätsauslastung für die Unternehmensentwicklung eine wichtige Rolle. Daher ist die Reichweite des Auftragsbestands eine wichtige **zukunftsbezogene Kennzahl**.

Exportquote

55

$$\frac{\text{Auslandsumsatz}}{\text{Gesamtumsatz}} \times 100\ \%$$

Rechenbeispiel

Annahme: Auslandsumsatz = 3.600

$$\frac{3.600}{8.400} \times 100\ \% = 42{,}9\ \%$$

Order backlog

$$\frac{\text{Order backlog}}{\text{Revenue}} \times 12 \text{ month}$$ 54

Sample calculation

Assumption: Order backlog = 1,000

$$\frac{1{,}000}{8{,}400} \times 12 \text{ months} = 14.3 \text{ months}$$

Especially in companies with long-term production, e.g., plant engineering and shipbuilding, order backlog and the associated capacity utilization play an important role for the company's development. The reach of the order backlog is therefore an important **forward-looking ratio**.

Export rate

$$\frac{\text{Foreign revenue}}{\text{Total revenue}} \times 100\ \%$$ 55

Sample calculation

Assumption: Foreign revenue = 3,600

$$\frac{3{,}600}{8{,}400} \times 100\ \% = 42.9\ \%$$

Der Anteil des Auslandsgeschäfts am Gesamtumsatz ist wichtig im Hinblick auf Unwägbarkeiten seiner Nachhaltigkeit sowie der Abhängigkeiten von Entwicklungen des Währungskurses oder der nationalen Besonderheiten des Exportlandes.

Rohertragsmarge

56 $$\frac{\text{Rohertrag}}{\text{Umsatz}} \times 100\ \%$$

Rechenbeispiel

$$\frac{3.350}{8.400} \times 100\ \% = 40{,}00\ \%$$

Die Rohertragsmarge oder auch Bruttogewinnspanne (auf der Grundlage der Umsatzkostenrechnung) gibt den Prozentsatz der Umsatzerlöse an, der nach Verrechnung der Umsatzkosten zur Abdeckung der übrigen betrieblichen Aufwendungen zur Verfügung steht.

Die Kennzahl wird insbesondere im Branchenvergleich benutzt und spielt für Handelsunternehmen eine wichtige Rolle. Im Handel nennt man die Rohertragsmarge auch **Handelsspanne**.

Die Rohertragsmarge ist ein Handlungsparameter für mögliche Preissenkungen, wenn der Wettbewerb, eine zu hohe Lagerhaltung, Modeänderungen oder saisonale Einflüsse dies erfordern.

Foreign revenue as a percentage of total revenue is important in terms of uncertainties regarding sustainability and dependencies on the development of foreign currencies or special national aspects of the export country.

Gross margin

$$\frac{\text{Gross profit}}{\text{Revenue}} \times 100\ \%$$ **56**

Sample calculation

$$\frac{3{,}350}{8{,}400} \times 100\ \% = 40.00\ \%$$

The gross margin or gross profit margin (based on cost of sales method) gives the percentage of revenues available after offsetting cost of sales to cover other operating expenses.

This ratio is particularly used as an industry comparison and plays an important role for trading companies. In trade, the gross margin is also referred to as the **trade margin**.

The gross margin is a parameter for potential price reductions if required by competition due to excessive stocks, changes in fashion or seasonal effects.

Struktur der betrieblichen Aufwendungen

Zur Darstellung der **Aufwandsstruktur** werden die betrieblichen Aufwendungen zum Umsatz oder zum betrieblichen Gesamtaufwand in Beziehung gesetzt.

Umsatzkostenanteil

Der Umsatzkostenanteil kann sowohl auf den Umsatz als auch auf die gesamten betrieblichen Aufwendungen bezogen werden.

57 $$\frac{\text{Umsatzkosten}}{\text{Umsatz}} \times 100\ \%$$

Rechenbeispiel

$$\frac{5.050}{8.400} \times 100\ \% = 60{,}1\ \%$$

Der Umsatzkostenanteil ist die Ergänzung zur Rohertragsmarge (s. S. 114).

Setzt man die Herstellungsaufwendungen für die im Geschäftsjahr veräußerten Produkte und Dienstleistungen (= Umsatzkosten) in Relation zu den betrieblichen Gesamtaufwendungen, ergibt sich der Anteil der Aufwendungen, die dem Umsatz direkt zurechenbar sind, an den Gesamtaufwendungen.

58 $$\frac{\text{Umsatzkosten}}{\text{Betriebliche Gesamtaufwendungen}} \times 100\ \%$$

Structure of operating expenses

In order to illustrate the **structure of expenses**, operating expenses are expressed as a percentage of revenue or total operating expenses.

Share of cost of sales

The share of cost of sales can be based on either revenue or total operating expenses.

$$\frac{\text{Cost of sales}}{\text{Revenue}}$$ 57

Sample calculation

$$\frac{5{,}050}{8{,}400} \times 100\ \% = 60.1\ \%$$

Share of cost of sales is an extension of the gross margin (see page 115).

Setting production expenses for products and services sold in the financial year (= cost of sales) as a percentage of total operating expenses gives the share of total expenses that are directly allocable to revenue.

$$\frac{\text{Cost of sales}}{\text{Total operating expenses}} \times 100\ \%$$ 58

Rechenbeispiel

$$\frac{5.050}{(5.050 + 1.600 + 250 + 125 + 75 + 450)} \times 100\,\%$$

$$= \frac{5.050}{7.550} \times 100\,\% = 66{,}9\,\%$$

Materialintensität

59

$$\frac{\text{Materialaufwendungen}}{\text{Betrieblicher Gesamtaufwand}} \times 100\,\%$$

Rechenbeispiel

$$\frac{4.400}{(4.400 + 1.750 + 790 + 710)} \times 100\,\%$$

$$= \frac{4.400}{7.650} \times 100\,\% = 57{,}5\,\%$$

Die Kennzahl, die auf der Grundlage der Gesamtkosten-GuV ermittelt wird, zeigt, in welchem Umfang das Unternehmen Materialien und andere Fremdleistungen zur Leistungserstellung eingesetzt hat.

Eine hohe Materialintensität kann eine hohe Abhängigkeit von Lieferanten oder auch von bestimmten Rohstoffen bedeuten. Sie kann auch Ausdruck eines hohen Materialschwunds sein, z. B. durch schlechte Lagerverwaltung oder durch unproduktiven Materialeinsatz.

Sample calculation

$$\frac{5,050}{(5,050+1,600+250+125+75+450)} \times 100\ \%$$

$$= \frac{5,050}{7,550} \times 100\ \% = 66.9\ \%$$

Cost of materials ratio

$$\frac{\text{Cost of materials}}{\text{Total operating expenses}} \times 100\ \%$$ 59

Sample calculation

$$\frac{4,400}{(4,400+1,750+790+710)} \times 100\ \%$$

$$= \frac{4,400}{7,650} \times 100\ \% = 57.5\ \%$$

This ratio, which is calculated on the basis of overall costs from the income statement, shows the extent to which the company has used materials and other purchased services for operations.

A high cost of materials ratio can mean a high dependency on suppliers or certain commodities. It can also indicate a high level of material loss, e.g., due to poor warehouse management or inefficient use of materials.

Personalkennzahlen

Personalkennzahlen heben die **Bedeutung der Personalaufwendungen** im Rahmen der betrieblichen Leistungserstellung hervor und deuten auf die Produktivität der Beschäftigten sowie die Wirtschaftlichkeit des Personaleinsatzes hin. Sie sind von großer Relevanz für die Praxis.

Personalintensität

60

$$\frac{\text{Personalaufwendungen}}{\text{Betrieblicher Gesamtaufwand}} \times 100\ \%$$

Rechenbeispiel

$$\frac{1.750}{7.650} \times 100\ \% = 22{,}9\ \%$$

Das Verhältnis der Personal- zu den Gesamtaufwendungen drückt die Personalintensität aus. Sie ist branchenabhängig. Eine relativ hohe Personalintensität weisen Dienstleistungsunternehmen auf.

Arbeitsintensität

61

a) $$\frac{\text{Personalaufwendungen}}{\text{Umsatz}} \times 100\ \%$$

b) $$\frac{\text{Personalaufwendungen}}{\text{Gesamtleistung}} \times 100\ \%$$

c) $$\frac{\text{Umsatz}}{\text{Personalaufwendungen}}$$

Personnel ratios

Personnel ratios highlight the **significance of personnel expenses** as part of operational performance and indicate the productivity of employees and the cost-effectiveness of their deployment. They are highly relevant in practice.

Personnel intensity

$$\frac{\text{Personnel expenses}}{\text{Total operating expenses}} \times 100\ \%$$

60

Sample calculation

$$\frac{1{,}750}{7{,}650} \times 100\ \% = 22.9\ \%$$

The ratio of personnel expenses as a percentage of total expenses gives the personnel intensity. This ratio varies from industry to industry. Service companies have a relatively high personnel intensity.

Labour intensity

61

a) $$\frac{\text{Personnel expenses}}{\text{Revenue}} \times 100\ \%$$

b) $$\frac{\text{Personnel expenses}}{\text{Total operating performance}} \times 100\ \%$$

c) $$\frac{\text{Revenue}}{\text{Personnel expenses}} \times 100\ \%$$

Rechenbeispiel

a) $\frac{1.750}{8.400} \times 100\,\% = 20{,}8\,\%$

b) $\frac{1.750}{8.500} \times 100\,\% = 20{,}6\,\%$

c) $\frac{8.400}{1.750} = 4{,}80$ *Euro*

Als „Arbeitsintensität" bezeichnet man das Verhältnis der Personalaufwendungen zum Umsatz oder zur Gesamtleistung des Unternehmens. Die Kennzahlen zeigen, wie viel Prozent des Umsatzes oder der Gesamtleistung für Personalkosten aufgewendet werden oder welcher Umsatz pro Euro Personalaufwand erzielt wird.

Umsatz pro Mitarbeiter

62 $\frac{\text{Umsatz}}{\text{Zahl der Vollzeitmitarbeiter}}$

Rechenbeispiel

$\frac{8.400 \text{ Mio. Euro}}{30.000} = 280.000$ *Euro*

Die Kennzahl Umsatz pro Mitarbeiter sagt ebenfalls etwas über die Personalintensität aus. Ihre Entwicklung hängt vor allem von der Veränderung der Mitarbeiterzahl ab.

Sample calculation

a) $\frac{1{,}750}{8{,}400} \times 100\,\% = 20.8\,\%$

b) $\frac{1{,}750}{8{,}500} \times 100\,\% = 20.6\,\%$

c) $\frac{8{,}400}{1{,}750} = 4.80$ *Euro*

"Labour intensity" refers to the ratio of personnel expenses to the company's revenue or total operating performance. The ratios show the percentage of revenue or total operating performance that goes on personnel expenses or the revenue generated per euro of personnel expenses.

Revenue per employee

$$\frac{\text{Revenue}}{\text{Full time equivalents}}$$

62

Sample calculation

$$\frac{€\ 8{,}400\ \text{million}}{30{,}000} = €\ 280{,}000$$

Revenue per employee also reveals something about personnel intensity. Its development depends above all on the change in the number of employees.

Betriebsergebnis pro Mitarbeiter

63	$\frac{\text{EBIT}}{\text{Mitarbeiterzahl}}$

Rechenbeispiel

$$\frac{850 \text{ Mio. Euro}}{30.000} = 28.333 \text{ Euro}$$

Eine weitere Kennzahl zur **Beurteilung der Wirtschaftlichkeit** der Produktion setzt die Beschäftigtenzahl in Beziehung zum Betriebsergebnis oder EBIT.

Personalaufwand je Mitarbeiter

64	$\frac{\text{Personalaufwand}}{\text{Mitarbeiterzahl}}$

Rechenbeispiel

$$\frac{1.750 \text{ Mio. Euro}}{30.000} = 58.333 \text{ Euro}$$

Der Quotient von Personalaufwand und Mitarbeiterzahl ist ein Indikator für das **Lohnniveau**.

Operating result per employee

$$\frac{\text{EBIT}}{\text{Number of employees}}$$

63

Sample calculation

$$\frac{\text{€ 850 million}}{30{,}000} = \text{€ } 28{,}333$$

Another ratio for **assessing the cost-effectiveness** and efficiency of production sets the number of employees in relation to the operating result or EBIT.

Personnel expenses per employee

$$\frac{\text{Personnel expenses}}{\text{Number of employees}}$$

64

Sample calculation

$$\frac{\text{€ 1,750 million}}{30{,}000} = \text{€ } 58{,}333$$

The ratio of personnel expenses per employees is an indicator for **wage level**.

Abschreibungsintensität

65

$$\frac{\text{Abschreibungsaufwand}}{\text{Betrieblicher Gesamtaufwand}} \times 100\ \%$$

Rechenbeispiel

$$\frac{790}{7.650} \times 100\ \% = 10,3\ \%$$

Der Anteil der Abschreibungen an den betrieblichen Gesamtaufwendungen ist Ausdruck der Anlagenintensität des Unternehmens. Er kennzeichnet auch die Investitions- und Abschreibungspolitik.

Forschung und Entwicklung

FuE-Kostenquote

66

$$\frac{\text{Forschungs- und Entwicklungskosten}}{\text{Umsatz}} \times 100\ \%$$

Rechenbeispiel

$$\frac{250 + 30}{8.400} \times 100\ \% = 3,3\ \%$$

Die unternehmenseigene Forschung und Entwicklung ist für die künftige Entwicklung von Unternehmen immer wichtiger geworden. Interessant ist vor allem ein Vergleich der FuE-Kostenquote innerhalb einer Branche.

Depreciation intensity

$$\frac{\text{Depreciation and amortization}}{\text{Total operating expenses}} \times 100\ \%$$

65

Sample calculation

$$\frac{790}{7{,}650} \times 100\ \% = 10.3\ \%$$

The ratio of depreciation and amortization to total operating expenses indicates the significance of fixed assets. It also expresses the investment and depreciation policy of the company.

Research and development

R&D expense ratio

$$\frac{\text{Research and development expenses}}{\text{Revenue}} \times 100\ \%$$

66

Sample calculation

$$\frac{250 + 30}{8{,}400} \times 100\ \% = 3.3\ \%$$

Internal research and development has become more and more important for the future development of companies. Of greatest interest is a comparison of R&D expense ratios within an industry.

Als **Forschung** gilt die eigenständige und planmäßige Suche nach neuen wissenschaftlichen oder technischen Erkenntnissen. Demgegenüber ist die **Entwicklung** die Anwendung von Forschungsergebnissen, um neue oder verbesserte Produkte, Verfahren oder Dienstleistungen zu erreichen.

Forschungsaufwendungen dürfen nicht aktiviert werden; sie werden sofort als Aufwand verrechnet. Dagegen sind **Entwicklungsaufwendungen** dann zu **aktivieren**, wenn die technische Machbarkeit des Entwicklungsvorhabens erwiesen und sein künftiger wirtschaftlicher Nutzen wahrscheinlich ist, die Absicht und Fähigkeit des Unternehmens zur Fertigstellung sowie zur wirtschaftlichen Verwertung (Verkauf oder anderweitige Nutzung) des Entwicklungsprojekts vorliegt und die Herstellungskosten für das Entwicklungsprojekt zuverlässig bestimmt werden können.

FuE-Intensität

67

$$\frac{\text{FuE-Aufw.} + \text{aktiv. Entw.-Kosten}}{\text{Betriebl. Gesamtaufwand}} \times 100\ \%$$

Rechenbeispiel

$$\frac{250 + 30}{7.650} \times 100\ \% = 3{,}7\ \%$$

Der Anteil der Forschungs- und Entwicklungsaufwendungen an den betrieblichen Gesamtaufwendungen ergibt die FuE-Intensität. Dabei sind den FuE-Aufwendungen die im Geschäftsjahr aktivierten Entwicklungskosten hinzuzurechnen.

Research is original and planned investigation undertaken with the prospect of gaining new scientific or technical knowledge and understanding. **Development**, by contrast is the application of research findings to the production of new or improved products, processes or services.

Research expenses may not be capitalized; they are expensed immediately. By contrast, **development expenses** are to be **capitalized** when the technical feasibility of the development project can be demonstrated and its future economic benefits are probable, the intention and ability of the company to complete and economically realise (sell or otherwise use) the development project exist and the cost for the development project can be reliably determined.

R&D intensity

$$\frac{\text{R\&D expenses + capitalized development costs}}{\text{Total operating expenses}} \times 100\ \%$$

67

Sample calculation

$$\frac{250 + 30}{7{,}650} \times 100\ \% = 3.7\ \%$$

Research and development expenses as a percentage of total operating expenses gives the R&D intensity. R&D expenses are to be added to the development costs capitalized in the financial year.

Anteil der aktivierten Entwicklungskosten

68

$$\frac{\text{Aktiv. Entwicklungskosten}}{\text{FuE-Kosten}} \times 100\ \%$$

Rechenbeispiel

$$\frac{30}{280} \times 100\ \% = 10{,}7\ \%$$

Die Kennzahl gibt an, welcher Anteil der FuE-Kosten aktiviert wurde.

Finanzaufwendungen und Erträge

Finanzaufwendungen und -erträge enthalten häufig die Ergebnisse aus Beteiligungen an anderen (nicht konsolidierten) Unternehmen. Bei wesentlichen Beträgen sollten sie gesondert behandelt und nicht in die nachfolgenden Kennzahlen einbezogen werden.

Zinsintensität

69

$$\frac{\text{Zinsaufwand}}{\text{Umsatz}} \times 100\ \%\ \text{oder}$$

$$\frac{\text{Zinsaufwand}}{\text{Gesamtleistung}} \times 100\ \%$$

Share of capitalized development costs

$$\frac{\text{Capitalized development costs}}{\text{R\&D expenses}} \times 100\ \%$$ 68

Sample calculation

$$\frac{30}{280} \times 100\ \% = 10.7\ \%$$

This ratio shows the proportion of R&D expenses capitalized.

Financial expenses and income

Financial expenses and income often include the results from stakes in other (not consolidated) entities. If they are significant they should be treated separately and not be included in the following ratios.

Interest intensity

$$\frac{\text{Interest expense}}{\text{Revenue}} \times 100\ \%\ \text{or}$$ 69

$$\frac{\text{Interest expense}}{\text{Total operating performance}} \times 100\ \%$$

Rechenbeispiel

$$\frac{220}{8.400} \times 100\,\% = 2{,}6\,\%$$

Der Anteil der Zinsaufwendungen am Umsatz oder an der Gesamtleistung drückt die Zinsintensität oder **Zinsaufwandsquote** aus. Die Zinsaufwendungen umfassen neben den reinen Zinsen auch alle Nebenkosten im Zusammenhang mit der Kreditaufnahme, die Verteilung eines Disagios auf die Kreditlaufzeit sowie Aufwendungen aus der Aufzinsung der Pensionsrückstellungen und anderer abgezinster Verbindlichkeiten.

Zinsdeckungsgrad

70	$$\frac{\text{EBIT}}{\text{Zinsaufwand}} \times 100\,\%$$

Rechenbeispiel

$$\frac{850}{220} \times 100\,\% = 38{,}6\,\%$$

Der Zinsdeckungsgrad drückt aus, in welchem Umfang der Zinsaufwand durch das operative Ergebnis oder EBIT gedeckt ist. Der Zinsdeckungsgrad ist ein **Risikomaß** für den Verschuldungsgrad und gibt Aufschluss über das Verschuldungspotenzial.

Sample calculation

$$\frac{220}{8{,}400} \times 100\ \% = 2.6\ \%$$

Interest expenses as a percentage of revenue or of total operating performance expresses the interest intensity or **interest expense ratio**. In addition to pure interest, interest expenses also include all incidental expenses incurred in connection with borrowings, the amortisation of a discount over the term of the loan, and expenses from the compounding of pension provisions and other discounted liabilities.

Interest coverage ratio

$$\frac{\text{EBIT}}{\text{Interest expense}} \times 100\ \%$$

70

Sample calculation

$$\frac{850}{220} \times 100\ \% = 38.6\ \%$$

The interest coverage ratio expresses the extent to which interest expense is covered by the operating result or EBIT. The interest coverage ratio is a **risk measure** for the leverage ratio and provides information on borrowing potential.

Zinslast

71 $\frac{\text{Zinsaufwendungen}}{\text{Fremdkapital}} \times 100\ \%$

Rechenbeispiel

$\frac{220}{6.580} \times 100\ \% = 3{,}3\ \%$

Als Zinslast wird das Verhältnis der Zinsaufwendungen zum Fremdkapital bezeichnet. Das Fremdkapital enthält auch die (formal) unverzinslichen Verbindlichkeiten.

Finanzergebnisquote

72 $\frac{\text{Zinsergebnis}}{\text{Ergebnis vor Steuern}} \times 100\ \%$

Rechenbeispiel

$\frac{95}{755} \times 100\ \% = 12{,}5\ \%$

Die Kennzahl zeigt den Anteil des Finanzergebnisses am Ergebnis vor Steuern und drückt dessen **Bedeutung für das Gesamtergebnis** des Unternehmens aus.

Interest burden

$$\frac{\text{Interest expenses}}{\text{Total liabilities}} \times 100\,\%$$ 71

Sample calculation

$$\frac{220}{6{,}580} \times 100\,\% = 3.3\,\%$$

The interest burden is the ratio of interest expenses to total liabilities. Total liabilities also include (formally) non-interest-bearing liabilities.

Financial result ratio

$$\frac{\text{Interest result}}{\text{Earnings before taxes}} \times 100\,\%$$ 72

Sample calculation

$$\frac{95}{755} \times 100\,\% = 12.5\,\%$$

This ratio shows the financial result as a percentage of earnings before taxes and its significance for the company's overall result.

Steuerquote

73 $$\frac{\text{Steueraufwand}}{\text{Ergebnis vor Steuern}} \times 100\ \%$$

Rechenbeispiel

$$\frac{225}{755} \times 100\ \% = 29{,}8\ \%$$

Die Steuerquote zeigt die Belastung des Ergebnisses vor Steuern mit Ertragsteuern. Sie spielt bei internationalen Vergleichen eine Rolle und wird oft für Standortentscheidungen benutzt.

Da Zinsen für Fremdkapital prinzipiell steuerlich abzugsfähig sind, wird die Steuerquote vom Verschuldungsgrad beeinflusst.

In den Steueraufwand sind die Veränderungen der **latenten Steuern** einzubeziehen. Latente Steuern ergeben sich aus Wertunterschieden zwischen der IFRS-Konzernbilanz und den Steuerbilanzen der konsolidierten Unternehmen, die sich in nachfolgenden Perioden ausgleichen. Steuerliche Verlustvorträge führen zu aktivierten latenten Steuererstattungen.

Effective tax rate

$$\frac{\text{Tax expense}}{\text{Earnings before taxes}} \times 100\ \%$$

73

Sample calculation

$$\frac{225}{755} \times 100\ \% = 29.8\ \%$$

The effective tax rate shows the percentage of income taxes charged on earnings before taxes. It plays a role in international comparisons and is often used in location decisions.

Because interest on debt is tax deductible in principle, the effective tax rate is affected by leverage.

The tax expense must include changes in **deferred taxes**. Deferred taxes are caused by different values in the consolidated statement of financial position and the tax base and are payable or recoverable in future periods. Tax loss carryforwards result in capitalized deferred tax assets.

Rentabilitätskennzahlen

Die Rentabilität ist Ausdruck der Verzinsung oder Rendite des Kapitals, das dem Unternehmen zur Verfügung gestellt und in das betriebliche Vermögen und die betriebliche Leistungserstellung investiert wurde. Sie ist ein wichtiger **Maßstab für** das unternehmerische Handeln und den **unternehmerischen Erfolg**.

Gesamtkapitalrendite vor Steuern

74

$$\frac{\text{EBIT}}{\text{Gesamtkapital}} \times 100\ \%$$

Rechenbeispiel

$$\frac{850}{11.845} \times 100\ \% = 7{,}2\ \%$$

Ausgangspunkt für Rentabilitätsanalysen ist die Gesamtkapitalrentabilität. Sie drückt die Verzinsung des eingesetzten Eigen- und Fremdkapitals aus. Dabei sind dem Jahresergebnis die (Netto-)Zinsaufwendungen hinzuzurechnen, denn die Gesamtkapitalrentabilität schließt die Verzinsung des Fremdkapitals ein.

Da der Jahresüberschuss den Gewinn nach Steuern darstellt, während die Zinsaufwendungen vor Steuern gezeigt werden, wird üblicherweise vom Ergebnis vor Zinsen und Steuern (EBIT) ausgegangen.

Profitability ratios

Profitability expresses the return on capital made available to the company and invested in operating assets and operations. It is an important **measure for** corporate activities and **entrepreneurial success**.

Return on total capital before taxes

$$\frac{\text{EBIT}}{\text{Total capital}} \times 100\ \%$$ 74

Sample calculation

$$\frac{850}{11{,}845} \times 100\ \% = 7.2\ \%$$

Return on total capital is the **starting point for profitability analyses**. It expresses the return generated on the equity and debt employed. (Net) interest expenses must be added to the profit/loss for the year, since return on total investment includes interest expense for debt.

Since the profit for the year is the profit after taxes, whereas interest expenses are shown before taxes, it is generally based on earnings before interest and taxes (EBIT).

Rentabilität des investierten Kapitals

75 $$\frac{\text{EBIT}}{\text{Investiertes Kapital}} \times 100\ \%$$

Rechenbeispiel

$$\frac{850}{9.965} \times 100\ \% = 8{,}5\ \%$$

Die Rentabilität des investierten Kapitals (*Return on Invested Capital*; abgekürzt *ROIC*) bezieht sich auf das durch Dividenden zu bedienende Eigenkapital und auf das verzinsliche Fremdkapital (s. S. 36).

Rendite des Netto-Betriebsvermögens

76 $$\frac{\text{EBIT}}{\text{Umsatz}} \times \frac{\text{Umsatz}}{\text{Netto-Betriebsverm.}} \times 100\ \%$$

Rechenbeispiel

$$\frac{850}{8.400} \times \frac{8.400}{8.765} \times 100\ \% = 9{,}7\ \%$$

Return on invested capital

$$\frac{\text{EBIT}}{\text{Invested capital}} \times 100\ \%$$ **75**

Sample calculation

$$\frac{850}{9{,}965} \times 100\ \% = 8.5\ \%$$

Return on invested capital (ROIC) is based on equity to be serviced by dividends and interest-bearing debt (see page 37).

Return on net operating assets

$$\frac{\text{EBIT}}{\text{Revenue}} \times \frac{\text{Revenue}}{\text{Net operating assets}} \times 100\ \%$$ **76**

Sample calculation

$$\frac{850}{8{,}400} \times \frac{8{,}400}{8{,}765} \times 100\ \% = 9.7\ \%$$

Eine weitere Variante der Gesamtkapitalrentabilität legt das für die betriebliche Leistungserstellung eingesetzte Netto-Betriebsvermögen zugrunde, das sich aus dem Anlagevermögen ohne Finanzanlagen und dem Working Capital zusammensetzt.

77

Anlagevermögen	5.345
– Finanzanlagen	– 550
	4.795
+ Working Capital (s. S. 34)	3.970
= Netto-Betriebsvermögen	8.765

Betriebsrentabilität

78

$$\frac{\text{EBIT}}{\text{Betriebsnotwendiges Vermögen}} \times 100\ \%$$

Rechenbeispiel

$$\frac{850}{(5.345 - 550) + 6.500} \times 100\ \% = 7{,}5\ \%$$

Die Betriebsrentabilität wird als Quotient von Betriebsergebnis oder operativem Ergebnis (EBIT) und dem betriebsnotwendigen Vermögen (= betriebsnotwendiges Kapital) bestimmt. Das betriebsnotwendige Vermögen enthält das Anlagevermögen ohne Finanzanlagen und das Umlaufvermögen. Es handelt sich um das Brutto-Betriebsvermögen, während das Netto-Betriebsvermögen (s. S. 142) um die kurzfristigen Verbindlichkeiten gekürzt ist.

Another version of return on total investment is based on the net operating assets used for operations, comprising non-current assets excluding financial assets and working capital.

Non-current assets	5,345	77
– financial assets	– 550	
	4,795	
+ working capital (see page 35)	3,970	
= Net operating assets	8,765	

Operating return

$$\frac{\text{EBIT}}{\text{Operating assets}} \times 100\ \%$$

78

Sample calculation

$$\frac{850}{(5{,}345 - 550) + 6{,}500} \times 100\ \% = 7.5\ \%$$

Operating return is calculated as operating result or EBIT as a percentage of operating assets (= operating capital). Operating assets include non-current assets excluding financial assets and current assets. This relates to gross operating assets, whereas net operating assets (see page 143) are reduced by current liabilities.

Versteuertes Betriebsergebnis

79

$$\frac{\text{NOPAT}}{\text{Betriebsnotwendiges Kapital}} \times 100\ \%$$

Rechenbeispiel

$$\frac{595}{11.295} \times 100\ \% = 5{,}3\ \%$$

Eine Variante setzt das **versteuerte Betriebsergebnis** (NOPAT; s. S. 106) in Beziehung zum betriebsnotwendigen Kapital.

Eigenkapitalrentabilität

80

$$\frac{\text{Jahresergebnis}}{\text{Eigenkapital}} \times 100\ \%$$

Rechenbeispiel

$$\frac{530}{5.265} \times 100\ \% = 10{,}1\ \%$$

Die Eigenkapitalrentabilität drückt die Verzinsung des Kapitals der Aktionäre oder anderer Unternehmenseigentümer aus.

Das Jahresergebnis sollte um etwaige außerordentliche Aufwendungen und Erträge bereinigt werden.

Net operating profit after taxes

$$\frac{\text{NOPAT}}{\text{Operating capital}} \times 100\ \%$$

79

Sample calculation

$$\frac{595}{11{,}295} \times 100\ \% = 5.3\ \%$$

One version calculates **net operating profit after taxes** (NOPAT; see page 107) as a percentage of operating capital.

Return on equity

$$\frac{\text{Profit for the year}}{\text{Equity}} \times 100\ \%$$

80

Sample calculation

$$\frac{530}{5{,}265} \times 100\ \% = 10.1\ \%$$

Return on equity expresses the return on the capital of shareholders or other owners of the company.

Profit for the year should be adjusted for any extraordinary expenses and income.

EK-Rentabilität vor Steuern

81 $$\frac{\text{EBT}}{\text{Eigentkapital}} \times 100\ \%$$

Rechenbeispiel

$$\frac{755}{5.265} \times 100\ \% = 14{,}3\ \%$$

Mit der Bezugnahme auf das EBT wird der Einfluss der Steuern ausgeschaltet.

Verzinsung für Aktionäre oder Gesellschafter

82 $$\frac{\text{Konzernergebnis}}{\text{EK d. Anteilseigner d. Mutterunternehmens}} \times 100\ \%$$

Rechenbeispiel

$$\frac{465}{4.965} \times 100\ \% = 9{,}4\ \%$$

Um die Verzinsung für die Aktionäre oder Gesellschafter des Mutterunternehmens aufzuzeigen, ist vom Konzernergebnis (s. S. 100) und vom Eigenkapital des Konzerns ohne Anteile anderer Gesellschafter auszugehen.

Return on equity before taxes

$$\frac{\text{EBT}}{\text{Equity}} \times 100\ \%$$ 81

Sample calculation

$$\frac{755}{5{,}265} \times 100\ \% = 14.3\ \%$$

Using EBT as a base eliminates the effect of taxes.

Return for shareholders or owners

$$\frac{\text{Consolidated profit or loss}}{\text{Parent's shareholders equity}} \times 100\ \%$$ 82

Sample calculation

$$\frac{465}{4{,}965} \times 100\ \% = 9.4\ \%$$

To show the return for the parent's shareholders or owners, the ratio must be based on consolidated profit or loss (see page 101) and group equity excluding non-controlling interests.

Umsatzrendite I

83 $$\frac{\text{Jahresergebnis}}{\text{Umsatz}} \times 100\ \%$$

Rechenbeispiel

$$\frac{530}{8.400} \times 100\ \% = 6{,}3\ \%$$

Setzt man das Jahresergebnis ins Verhältnis zum Umsatz, ergibt sich der Prozentsatz des Umsatzes, der nach Abzug aller (Netto-)Aufwendungen als Periodenergebnis verbleibt.

Die Umsatzrendite kann Spielräume für Preisnachlässe oder Zwänge zur Kostenreduzierung aufzeigen.

Umsatzrendite II

84 $$\frac{\text{EBIT}}{\text{Umsatz}} \times 100\ \%$$

Rechenbeispiel

$$\frac{850}{8.400} \times 100\ \% = 10{,}1\ \%$$

Return on revenue I

$$\frac{\text{Profit for the year}}{\text{Revenue}} \times 100\ \%$$

83

Sample calculation

$$\frac{530}{8{,}400} \times 100\ \% = 6.3\ \%$$

Calculating net profit for the year as a percentage of revenue gives the percentage of revenue remaining as profit for the period after all (net) expenses are deducted.

Return on revenue or return on sales can reveal scope for price discounts or the need to reduce costs.

Return on revenue II

$$\frac{\text{EBIT}}{\text{Revenue}} \times 100\ \%$$

84

Sample calculation

$$\frac{850}{8{,}400} \times 100\ \% = 10.1\ \%$$

Kapitalmarktorientierte Kennzahlen

Ergebnis je Aktie

Die Kennzahl „Ergebnis je Aktie" (*Earning per Share*, Abk.: *EPS*) ist für die IFRS-Rechnungslegung standardmäßig festgelegt. Danach wird das **Ergebnis je Stammaktie** ermittelt. Etwaige Vorzugsaktien bleiben außer Ansatz, sodass Vorzugsdividenden vom Jahresergebnis zu kürzen sind. Das Ergebnis je Aktie soll ein Maßstab für die Beteiligung jeder Stammaktie an der Ertragskraft des Unternehmens sein.

Beim **Konzern** ist von den Stammaktionären des Mutterunternehmens und dem ihnen zuzurechnenden Konzernergebnis auszugehen. Das Konzernergebnis ist ggf. um die Vorzugsdividenden zu kürzen. Eine Bereinigung um außerordentliche Erträge und Aufwendungen erfolgt nicht.

Es wird zwischen dem unverwässerten und dem verwässerten Ergebnis je Aktie unterschieden.

Unverwässertes Ergebnis je Aktie

85

$$\frac{\text{Konzernergebnis} - \text{Vorzugsdividenden}}{\varnothing \text{ Anzahl Stammaktien}}$$

Rechenbeispiel

$$\frac{465}{1.000} = 0{,}47$$

Capital market ratios

Earnings per share

Earnings per share (EPS) is defined as standard for IFRS accounting. Under IFRSs, only **common stock** is included. Preference shares are excluded, such that preference dividends must be eliminated from profit for the year. Earnings per share measures the participation of each common share in the earnings power of the company.

For the **group**, this is based on common shareholders of the parent and the consolidated profit attributable to them. Preference dividends must be deducted from consolidated profit. There is no adjustment for extraordinary income and expenses.

A distinction is made between undiluted and diluted earnings per share.

Undiluted earnings per share

$$\frac{\text{Consolidated profit} - \text{preference dividends}}{\text{Average number of common shares}}$$

85

Sample calculation

$$\frac{465}{1{,}000} = 0.47$$

Beim unverwässerten Ergebnis je Aktie wird im Zähler das Konzernergebnis um etwaige Dividenden an Vorzugsaktionäre gekürzt und im Nenner die gewichtete durchschnittliche Anzahl der während der Rechnungsperiode im Umlauf gewesenen Stammaktien (= ausstehende Stammaktien) angesetzt.

Verwässertes Ergebnis je Aktie

86	$\dfrac{\text{KE} - \text{VD} + \text{Zinsaufwend. f. potenz. Stammaktien}}{\varnothing\ \text{Anzahl ausstehender u. potenz. Stammaktien}}$

Dabei bedeutet KE = Konzernergebnis und VD = Vorzugsdividenden.

Das verwässerte Ergebnis je Aktie schließt auch potenzielle Stammaktien ein, die sich aus Aktienoptionen oder aus der Umwandlung von Wandelanleihen ergeben. Dabei ist das Konzernergebnis um die Nach-Steuer-Aufwendungen für die potenziellen Stammaktien zu erhöhen, z. B. Nach-Steuer-Beträge der Zinsaufwendungen für Wandelanleihen.

Der Unterschied zwischen dem unverwässerten und dem verwässerten Ergebnis je Aktie zeigt den Einfluss von Aktienoptionsplänen und von Maßnahmen der Eigenkapitalbeschaffung.

Varianten

87	$\dfrac{\text{EBITDA}}{\varnothing\ \text{Anzahl ausstehender u. potenz. Stammaktien}}$

For undiluted earnings per share, any dividends to preference shareholders are deducted from consolidated profit in the nominator and the weighted average number of common shares in circulation during the accounting period (= common shares outstanding) is used in the denominator.

Diluted earnings per share

$$\frac{\text{CP} - \text{PD} + \text{interest exp. for potential common shares}}{\text{Average outstanding and potential common shares}} \qquad \boxed{\textbf{86}}$$

CP = consolidated profit and PD = preference dividends.

Diluted earnings per share also includes potential common shares resulting from stock options or the conversion of convertible bonds. After-tax expenses for potential common shares must be added to consolidated profit, e.g., after-tax amounts of interest expenses for convertible bonds.

The difference between undiluted and diluted earnings per share reveals the influence of stock option plans and measures to raise equity.

Alternatives

$$\frac{\text{EBITDA}}{\text{Ave. no. of outstanding and potential common shares}} \qquad \boxed{\textbf{87}}$$

Kennzahlvarianten zum Ergebnis je Aktie legen als Ergebnis das **EBITDA** oder den operativen Cashflow zugrunde. Im ersten Fall wird als Beispiel von der verwässerten Anzahl der Stammaktien ausgegangen. Hiermit wird das operative Ergebnis je Aktie ermittelt, und zwar unabhängig von der Kapitalstruktur, Steuergesetzen und unterschiedlichen Abschreibungspolitiken.

88

$$\frac{\text{Cashflow aus lauf. Geschäftstätigkeit}}{\varnothing \text{ Anzahl Stammaktien}}$$

Rechenbeispiel

$$\frac{775}{1.000} = 0{,}78$$

Geht man dagegen vom **operativen Cashflow** aus, ist die Kennzahl unabhängig von den angewandten Rechnungslegungsgrundsätzen und ergänzt insoweit die Kennzahl „Ergebnis je Aktie".

Kennzahlen zur Gewinnausschüttung

! Maßgeblich für mögliche **Gewinnausschüttungen** eines Unternehmens ist sein Jahres- oder Einzelabschluss. Dementsprechend ergeben sich die Gewinnansprüche der Aktionäre des Mutterunternehmens allein aus dessen Einzelabschluss.

Alternative ratios for earnings per share take **EBITDA** or operating cash flow as the basis. The example for the first case is based on the diluted number of common shares. This is used to determine operating earnings per share, regardless of capital structure, tax laws and various depreciation policies.

$$\frac{\text{Cash flow from operating activities}}{\text{Ave. no. of common shares}}$$ 88

Sample calculation

$$\frac{775}{1{,}000} = 0.78$$

However, if **operating cash flow** is taken as the basis, the ratio is independent of the accounting framework used and in this respect complements the "earnings per share" ratio.

Profit distribution ratios

The single-entity financial statements of a company are crucial for its potential profit distributions. Accordingly, profit claims from the parent's shareholders are based solely on the separate financial statements of the parent.

Dennoch ist die auf den Konzern-Jahresüberschuss bezogene Ausschüttungsquote interessant, weil die wirtschaftliche Lage und Entwicklung des Mutterunternehmens im Wesentlichen durch den Konzernabschluss abgebildet wird. Die Kennzahl lässt z. B. erkennen, ob mehr oder weniger Gewinn an die Aktionäre des Mutterunternehmens ausgeschüttet wird, als der Konzern insgesamt erzielt hat.

Ausschüttungsquote I

89

$$\frac{\text{Dividendenausschüttung}}{\text{Jahresüberschuss}} \times 100\ \%$$

Die Ausschüttungsquote zeigt, welcher Teil des Jahresüberschusses an die Unternehmenseigentümer ausgeschüttet wird. Der Restanteil, der als Gewinnvortrag oder Zuführung zu den Gewinnrücklagen im Unternehmen thesauriert wird, ist ein Ausdruck der **Selbstfinanzierung** des Unternehmens.

Die Kennzahl ist prinzipiell aus dem Jahresabschluss abzuleiten, der für die Gewinnausschüttung maßgeblich ist.

Ausschüttungsquote II

Nachrichtlich kann die Ausschüttungsquote auf das Konzernergebnis und die Dividende an die Stammaktionäre des Mutterunternehmens bezogen werden.

Nevertheless, the dividend payout ratio based on the consolidated financial statements is interesting because the economic situation and development of the parent is largely represented by the consolidated financial statements. This ratio reveals, e.g., whether more or less profit is being distributed to shareholders of the parent that the Group generated overall.

Payout ratio I

$$\frac{\text{Dividend distribution}}{\text{Profit for the year}} \times 100\ \%$$ 89

The payout ratio shows the percentage of profit that is paid out to the company's owners. The remainder, which is retained in the company as a profit carryforward or allocation to the revenue reserves, is an expression of the company's **self-financing**.

In principle, the ratio is to be derived from the financial statements relevant for the profit distribution.

Payout ratio II

For information purposes, the payout ratio can be based on consolidated profit and the dividend paid to common shareholders of the parent.

90 $$\frac{\text{Dividendenausschüttung}}{\text{Konzernergebnis}} \times 100\ \%$$

Rechenbeispiel

$$\frac{200}{465} \times 100\ \% = 43\ \%$$

Dividende je Aktie

91 $$\frac{\text{Ausgeschüttete Dividenden}}{\text{Anzahl der (Stamm-)Aktien}}$$

Rechenbeispiel

$$\frac{200}{1.000} = 0{,}20\ \text{€/Aktie}$$

Die Kennzahl kann auf sämtliche Aktiengattungen oder auch nur auf die Stammaktien bezogen werden. Sie stellt eine gewisse Abwandlung des Ergebnisses je Aktie dar.

Dividendenrendite

92 $$\frac{\text{Dividende je Aktie}}{\text{Börsenkurs der Aktie}} \times 100\ \%$$

Rechenbeispiel

$$\frac{0{,}20}{9} \times 100\ \% = 2{,}2\ \%$$

$$\frac{\text{Dividend distribution}}{\text{Consolidated profit}} \times 100\ \%$$ 90

Sample calculation

$$\frac{200}{465} \times 100\ \% = 43\ \%$$

Dividend per share

$$\frac{\text{Distributed dividends}}{\text{Number of (common) shares}}$$ 91

Sample calculation

$$\frac{200}{1{,}000} = €\ 0.20/\text{share}$$

This ratio can be based on all classes of share or also just on common shares. It is effectively a derivative of earnings per share.

Dividend yield

$$\frac{\text{Dividend per share}}{\text{Stock exchange price}} \times 100\ \%$$ 92

Sample calculation

$$\frac{0.20}{9} \times 100\ \% = 2.2\ \%$$

Die Kennzahl gibt Aufschluss über die Verzinsung des zum Börsenwert angesetzten Aktienkapitals und über die Rendite des Aktienbesitzes.

Marktkapitalisierung

Der Marktwert des Unternehmens (**Marktkapitalisierung**) spiegelt sich in folgenden Kennzahlen wider.

Börsenwert des Unternehmens

Der aktuelle Marktwert oder Börsenwert des Eigenkapitals ergibt sich aus der Multiplikation der Anzahl der Aktien mit ihrem Börsenkurs. Hierbei sind sowohl die Stamm- als auch die Vorzugsaktien zu berücksichtigen.

93	Anzahl Aktien × Börsenkurs

Rechenbeispiel

1.000 Mio. × 9 € = 9,0 Mrd. €

Die Differenz zwischen dem höheren Börsenwert und dem Bilanzwert des Eigenkapitals kann als Mehrwert für stille Reserven und einen Geschäfts- oder Firmenwert gedeutet werden. Die Differenz stellt gewissermaßen das Aufgeld für positive Zukunftsaussichten dar.

The ratio provides information on the yield of the share capital recognized at market value and the return on share ownership.

Market capitalization

The following ratios reflect the **market capitalization** of the company.

Market value of the company

The current market value of equity is determined by multiplying the number of shares by their stock exchange price. This includes common and preference shares.

Number of shares × stock exchange price **93**

Sample calculation

1,000 million × € 9 = € 9.0 billion

The difference between the higher of the market value and carrying amount of equity can be interpreted as value added for hidden reserves and goodwill. To a certain extent, the difference represents a premium for positive future prospects.

Bilanzkurs

94 $$\frac{\text{Bilanzielles Eigenkapital}}{\text{Anzahl der Aktien}}$$

Rechenbeispiel

$$\frac{4.965}{1.000} = 5{,}0 \text{ €/Aktie}$$

Ausgangspunkt ist entweder das bilanzielle Eigenkapital laut Jahresabschluss des Mutterunternehmens oder das den Gesellschaftern des Mutterunternehmens zuzurechnende Eigenkapital des Konzerns. Der Quotient von bilanziellem Eigenkapital und der Anzahl der ausgegebenen Aktien ergibt den Bilanzkurs der Aktie, der dem Börsenkurs der Aktie gegenübergestellt wird.

Kurs-Gewinn-Verhältnis

95 $$\frac{\text{Börsenkurs je Aktie}}{\text{Ergebnis je Aktie}}$$

Rechenbeispiel

$$\frac{9}{0{,}47} = 19$$

Book value

$$\frac{\text{Equity in the balance sheet}}{\text{Number of shares}}$$ 94

Sample calculation

$$\frac{4{,}965}{1{,}000} = \text{€ } 5.0/\text{share}$$

The starting point is either equity in the parent's balance sheet or consolidated equity attributable to owners of the parent. The ratio of equity in the balance sheet to the number of issued shares gives the book value of shares, which is compared with the stock exchange price.

Price/earnings ratio

$$\frac{\text{Stock exchange price per share}}{\text{Earnings per share}}$$ 95

Sample calculation

$$\frac{9}{0.47} = 19$$

Das Kurs-Gewinn-Verhältnis (KGV) spielt im Zusammenhang mit **Anlageempfehlungen** eine große Rolle. Es ist leicht zu ermitteln und findet verbreitet Anwendung. Für Anlageempfehlungen wird das KGV auf der Basis der Gewinnerwartung des laufenden Jahres gebildet.

Dynamisches Kurs-Gewinn-Verhältnis

96

$$\frac{\text{KGV}}{\varnothing \text{ jährl. Wachstumsrate d. Gewinns}}$$

Rechenbeispiel

Angenommene Wachstumsrate: 10 %

$$\frac{19}{10} = 1{,}9$$

Das dynamische KGV setzt das KGV ins Verhältnis zur erwarteten durchschnittlichen jährlichen Wachstumsrate (*CAGR*) des Gewinns. Mit dieser Dynamisierung, die teils aus der Vergangenheitsentwicklung, teils aus Unternehmens- und Branchenprognosen abgeleitet wird, soll auf die künftige Gewinnentwicklung abgestellt werden.

Bei einem dynamischen KGV von 1 wäre das Unternehmen zutreffend bewertet; bei einem dynamischen KGV von über 1 gilt das Unternehmen tendenziell als überbewertet, bei einem von unter 1 als unterbewertet.

Das dynamische KGV eignet sich besonders zur Beurteilung schnell expandierender Unternehmen.

The price/earnings ratio (P/E ratio) plays a major role in relation to **investment recommendations**. It is easy to calculate and is widely used. For investment recommendations, the P/E ratio is based on profit expectations for the current year.

Dynamic price-earnings ratio

$$\frac{\text{P/E ratio}}{\text{Average annual growth rate of profit}}$$

96

Sample calculation

Assumed growth rate: 10 %

$$\frac{19}{10} = 1.9$$

The dynamic price/earnings growth ratio sets the P/E ratio in relation to the compound annual growth rate (CAGR) of profit. This dynamism, which is derived partly from past developments, partly from company and industry forecasts, is to be applied to future profit development.

With a dynamic P/E ratio of 1, the company would be appropriately valued; with a dynamic P/E ratio of more than 1, the company is generally deemed to be overvalued, less than 1 as undervalued.

The dynamic P/E ratio is particularly suitable for assessing fast expanding companies.

Kurs-Cashflow-Verhältnis

97

$$\frac{\text{Börsenwert}}{\text{Cashflow aus laufender Geschäftstätigkeit}}$$

Rechenbeispiel

$$\frac{9}{775} = 11,6$$

Das Kurs-Cashflow-Verhältnis ist eine komplementäre Kennzahl zum Kurs-Gewinn-Verhältnis.

Kurs-Bilanzwert-Verhältnis

98

$$\frac{\text{Börsenwert}}{\text{Bilanzielles Eigenkapital}} \times 100\ \%$$

Rechenbeispiel

$$\frac{9.000}{4.965} \times 100\ \% = 181\ \%$$

Ein Verhältnis von mehr als 100 % steht für mögliche stille Reserven oder einen Geschäftswert, während ein Börsenwert unter 100 % des Buchwerts stille Lasten und erwartete Verluste ausdrückt.

Price-cash flow ratio

$$\frac{\text{Market value}}{\text{Cash flow from operating activities}}$$ 97

Sample calculation

$$\frac{9}{775} = 11.6$$

The price/cash flow ratio complements the price/earnings ratio.

Price/book value ratio

$$\frac{\text{Market value}}{\text{Equity on the balance sheet}} \times 100\ \%$$ 98

Sample calculation

$$\frac{9{,}000}{4{,}965} \times 100\ \% = 181\ \%$$

A ratio of market price to carrying amount of equity of more than 100 % represents potential hidden reserves or goodwill, whereas a ratio of less than 100 % expresses hidden liabilities and expected losses.

Kurs-Umsatz-Relation

99	$\frac{\text{Börsenwert}}{\text{Umsatz}}$

Rechenbeispiel

$$\frac{9.000}{8.400} = 1,1$$

Die – zumindest vor der Finanzkrise – verbreitete Praxis, den Wert eines Unternehmens mit dem branchentypischen Vielfachen des Umsatzes zu bewerten, lässt sich betriebswirtschaftlich nicht rechtfertigen. Maßgeblich ist der Ertragswert des Unternehmens (s. u.).

Die Kurs-Umsatz-Relation kann im Branchenvergleich interessant sein, darf aber nicht isoliert betrachtet werden.

Kennzahlen zur Unternehmensbewertung

Die **Unternehmensbewertung** ermittelt den Wert eines Unternehmens oder Konzerns als Ganzes. Als Wert eines Unternehmens ist nach allgemein anerkannter Meinung allein der **Ertragswert** maßgeblich, der sich als Barwert der künftigen Zahlungsüberschüsse aus dem laufenden Geschäftsbetrieb ergibt, die ohne Gefährdung der Existenz und der vorhandenen Ertragskraft des Unternehmens zugunsten seiner Eigentümer ausgeschüttet, also dem Unternehmen entzogen werden können.

Price/revenue ratio

$$\frac{\text{Market value}}{\text{Revenue}}$$

99

Sample calculation

$$\frac{9{,}000}{8{,}400} = 1.1$$

The widespread practice (at least before the financial crisis) of valuing a company as a multiple of revenue typical for the industry cannot be economically justified. The discounted earnings value of the company is decisive (see below).

The price/revenue ratio can be interesting for industry comparisons, but must not be considered in isolation.

Business valuation ratios

Business valuations determine the value of a company or group as a whole. It is generally recognized that the only figure relevant for a company's value is the **discounted earnings value**, which is calculated as the present value of future surplus cash flow from operating activities that can be distributed to shareholders, i.e. withdrawn from the company, without jeopardizing the existence and existing earnings power of the company.

Diskontierter Cashflow

In der Bewertungspraxis geht man von den diskontierten künftigen frei verfügbaren Cashflows aus (Discounted Cashflow- oder **DCF-Methode**). Diese Cashflows entsprechen den Zahlungsüberschüssen aus der Geschäftstätigkeit des Unternehmens, soweit sie nicht zur Aufrechterhaltung dieser Tätigkeit im Unternehmen reinvestiert werden müssen.

Die Formel für den Abzinsungsfaktor lautet für den Zinssatz i und für den künftigen Zeitpunkt t:

100

$$\frac{1}{(1+i)^t}$$

Damit ergibt sich folgende Formel für den diskontierten Cashflow, wobei n die Investitionsdauer, t_1, t_2 usw. die Rechnungsperioden und i den Abzinsungszinssatz bezeichnen.

101

$$DCF = \sum_{t=1}^{n} \frac{\text{Freier Cashflow}}{(1+i)^t}$$

In der Praxis wird der Cashflow für die nächsten drei bis fünf Jahre im Einzelnen geschätzt und für die Folgejahre der letzte Cashflow als ewige Rente angesetzt.

Discounted cash flow

In practice, business valuations are based on discounted future freely available cash flows (discounted cash flow **(DCF) method**). These cash flows correspond to surplus cash flow from the company's operating activities provided they do not have to be reinvested in the company to maintain these activities.

The formula for the discount factor uses "i" for the interest rate and "t" for the future time:

$$\frac{1}{(1+i)^t} \qquad (100)$$

This results in the following formula for discounted cash flows, with n representing the duration of the investment, t_1, t_2 etc., the accounting periods, and i the discount rate.

$$DCF = \sum_{t=1}^{n} \frac{\text{Free cash flow}}{(1+i)^t} \qquad (101)$$

In practice, cash flows are only estimated in detail for the next three to five years and for subsequent years, the last cash flow is stated as a perpetual annuity.

Gewichteter durchschnittlicher Kapitalkostensatz

Als Diskontierungszinsfuß wählt man den gewichteten durchschnittlichen Kapitalkostensatz (WACC). Dieser berücksichtigt die Kapitalausstattung des Unternehmens mit Eigen- und Fremdkapital. Er setzt sich aus den gewogenen Kostensätzen (KS) für das Eigenkapital (EK) und für das verzinsliche Fremdkapital einschließlich Pensionsrückstellungen (FK) zusammen, deren Berechnung nachfolgend dargestellt wird.

102

$$\frac{\text{EK}}{\text{EK + verz. FK}} \times \text{EK-KS} + \frac{\text{verz. FK}}{\text{EK + verz. FK}} \times \text{EK-KS}$$

Rechenbeispiel

$$\frac{5.265}{5.265 + (4.350 + 350)} \times 6{,}5\ \% + \frac{4.700}{9.965} \times 4{,}2\ \% = 5{,}4\ \%$$

Eigenkapitalkosten

Die Kosten für das Eigenkapital setzen sich zusammen aus dem risikofreien Zinssatz und der mit dem Beta-Faktor des Unternehmens multiplizierten Marktrisikoprämie für andere Anlageformen, z. B. Aktien. Als risikofreier Zinssatz wird im Allgemeinen der Zinssatz für langfristige risikofreie Staatsanleihen angesetzt.

Weighted average cost of capital

The weighted average cost of capital (WACC) is chosen as the discount interest rate. This takes into account the company's capital resources of equity and debt. It comprises the weighted cost rate (CR) for equity (EQ) and for interest-bearing debt including pension provisions (DB), calculated as follows.

$$\frac{\text{EQ}}{\text{EQ + int.-bearing DB}} \times \text{EQ-CR} + \frac{\text{Int.-bearing DB}}{\text{EQ + int.-bearing DB}} \times \text{EQ-CR}$$ **102**

Sample calculation

$$\frac{5{,}265}{5{,}265 + (4{,}350 + 350)} \times 6.5\ \% + \frac{4{,}700}{9{,}965} \times 4.2\ \% = 5.4\ \%$$

Cost of equity

Cost of equity comprises the risk-free interest rate and the market risk premium for other types of investments (e.g. shares) multiplied by the company's beta-factor. In general, the interest rate for non-current risk-free government bonds is set as the risk-free interest rate.

Der **Betafaktor** repräsentiert die Schwankungsintensität (Volatilität) der Kursentwicklung einer Aktie im Vergleich zu einem adäquaten Aktienindex wie DAX, TecDAX usw. während eines bestimmten Zeitraums. Er zeigt auf, wie sich die erwartete Rendite eines individuellen Wertpapiers bei einer Änderung der Rendite des Marktportfolios um einen Prozentpunkt verändert. Er gilt als Ausdruck des unternehmensspezifischen Risikos. Je höher der Betafaktor ist, desto höher ist die Volatilität und damit das Risiko für den Investor.

Die **Marktrisikoprämie** ist die erwartete Zusatzrendite für Investitionen in anderen Anlageformen. Liegt bspw. die langfristige Aktienrendite bei etwa sechs Prozent und der risikofreie Zinssatz für Staatsanleihen hoher Bonität bei 3,5 Prozent, beträgt die durchschnittliche Marktrisikoprämie 2,5 Prozent.

Der **Eigenkapitalkostensatz** errechnet sich wie folgt:

103	Risikofreier Zinssatz + (Marktrisikoprämie × Beta)

Rechenbeispiel

4,5 + (2,5 × 0,8) = 6,5 %

Fremdkapitalkosten

Zur Ermittlung der Fremdkapitalkosten ist der Zinssatz für risikofreie Staatsanleihen um einen vom Rating des Unternehmens abhängigen Zuschlag für Unternehmensanleihen zu erhöhen. Außerdem ist der Steuereffekt zu berücksichtigen, da Fremdkapitalzinsen den steuerlichen Gewinn mindern.

The **beta factor** represents the volatility of the price trend of a share compared with an appropriate stock market index such as DAX, TecDAX, etc. over a certain period. The beta factor shows how the expected return on an individual stock changes when the return on the market portfolio changes by one percentage point. It is seen as the expression of company-specific risk. The higher the beta factor, the higher the volatility and thus the risk for the investor.

The **market risk premium** is the expected additional return on investments in other types of investments. For example, if the long-term share return is around six percent and the risk-free interest rate for government bonds with high credit ratings is 3.5 percent, the average market risk premium is 2.5 percent.

The **cost of equity** is calculated as follows:

Risk-free interest rate + (market risk premium × beta) **103**

Sample calculation

4.5 + (2.5 × 0.8) = 6.5 %

Borrowing costs

In order to determine borrowing costs, the interest rate for risk-free government bonds must be increased by a premium for government bonds based on the company's rating. Furthermore, the tax effect must be taken into account, since borrowing costs reduce taxable profit.

104 (Risikofreier Zinssatz + Risikozuschlag) × (1 – Steuerquote)

Rechenbeispiel

(4,5 % + 1,5 %) × (1 – 0,3) = 4,2 %

Liegt kein Rating für das Unternehmen vor, können die Fremdkapitalkosten auch dadurch ermittelt werden, dass die einzelnen Kreditbeträge (KB) mit dem jeweiligen Zinssatz (ZS) multipliziert und durch die Gesamt-Kreditsumme geteilt werden. Daraus ergibt sich der **gewichtete Fremdkapitalkostensatz**.

105

$$\frac{KB_1 \times ZS_1 + KB_2 \times ZS_2}{\text{Gesamt-Kreditsumme}} \times (1 - \text{Steuerquote})$$

Rechenbeispiel

$$\frac{2.200 \times 7\,\% + 1.500 \times 5{,}5\,\%}{3.700} \times (1 - 0{,}3) = 4{,}5\,\%$$

Wirtschaftlicher Wertzuwachs (EVA)

In der angloamerikanischen Praxis messen viele Aktionäre die Leistung des Managements an der Höhe der erwirtschafteten Überrendite im Vergleich zu den gewichteten Kapitalkosten. Ein Wertzuwachs (EVA) ist dann eingetreten, wenn die Rendite des eingesetzten Kapitals (s. S. 140) größer ist als der gewogene Kapitalkostensatz.

$$\text{(Risk-free interest rate + risk premium)} \times (1 - \text{tax rate})$$ 104

Sample calculation

(4.5 % + 1.5 %) × (1 – 0.3) = 4.2 %

If no rating is available for the company, borrowing costs can also be calculated by multiplying the individual loan amounts (LA) with the relevant interest rate (IR) and dividing it by the total loan amount. This gives the **weighted borrowing costs**.

$$\frac{LA_1 \times IR_1 + LA_2 \times IR_2}{\text{Total loan amount}} \times (1 - \text{tax rate})$$ 105

Sample calculation

$$\frac{2{,}200 \times 7\,\% + 1{,}500 \times 5{,}5\,\%}{3{,}700} \times (1 - 0.3) = 4.5\,\%$$

Economic value added (EVA)

In Anglo-American practice, many shareholders measure the performance of management in terms of the amount of excess returns generated compared with the weighted average cost of capital. Economic value added (EVA) is created when return on capital employed (see page 141) is larger than weighted average cost of capital.

106	(ROI – WACC) × investiertes Kapital

Rechenbeispiel

(8,5 % – 5,4 %) × 9.965 = 308,9 Mio. €

Cashflow-basierter Wertzuwachs

Eine Variante zum wirtschaftlichen Wertzuwachs (EVA) ist die Cashflow-basierte Wertschaffung (CVA). Der CVA ist eine absolute Wertgröße, indem vom erwirtschafteten Cashflow aus laufender Geschäftstätigkeit (operativer Cashflow) als Mindestcashflow die Kosten für das gebundene Kapital (Eigenkapital und Nettoverschuldung) abgezogen werden.

107	Operativer Cashflow – (EK-Kosten + FK-Kosten)

Rechenbeispiel

775 – (6,5 % × 5.265 + 4,5 % × 4.050) = 251 Mio. €

Der CVA wird auch als Steuerungsgröße benutzt, aus dem operative Kennzahlen und Werttreiber abgleitet werden, mit denen dann die operative Wertentwicklung in allen Geschäftsfeldern des Konzerns gesteuert wird.

$(ROI - WACC) \times \text{invested capital}$ **106**

Sample calculation

(8.5 % – 5.4 %) × 9,965 = € 308.9 million

Cash value added

An alternative to economic value added (EVA) is cash value added (*CVA*). CVA is an absolute value in that, as a minimum cash flow, the costs for minimum required capital (equity and net debt) are deducted from cash flows generated from operating activities (operating cash flow).

Operating cash flow – (cost of equity + borrowing costs) **107**

Sample calculation

775 – (6.5 % × 5,265 + 4.5 % × 4,050) = € 251 million

The CVA is also used as a performance indicator from which operational ratios and value drivers are derived, which are used to manage operational value growth in all business areas of the Group.

Abkürzungsverzeichnis

AG	Aktiengesellschaft
AK	Anschaffungskosten
AV	Anlagevermögen
CF	Cashflow
CFROI	Cashflow Return on Investment
CVA	Cashflow Added Value (cashflowmäßiger Wertzuwachs)
DCF	Discounted Cashflow
EBIT	Earnings before Interest and Taxes
EBITDA	Earnings before Interest, Taxes, Depreciation and Amortization
EBT	Earnings before Taxes
EK	Eigenkapital
EPS	Earnings per Share
EVA	Economic Value Added (wirtschaftlicher Wertzuwachs)
FK	Fremdkapital
FuE	Forschung und Entwicklung
GuV	Gewinn- und Verlustrechnung
HGB	Handelsgesetzbuch
HK	Herstellungskosten
IFRS	International Financial Reporting Standards
KFR	Kapitalflussrechnung
KGaA	Kommanditgesellschaft auf Aktien

KGV	Kurs-Gewinn-Verhältnis
L+L	Lieferungen und Leistungen
p. a.	pro anno (jährlich)
s.	siehe
S.	Seite
SE	Societas Europaea (Europäische AG)
UH	Umschlagshäufigkeit
UV	Umlaufvermögen

List of abbreviations

AG	Aktiengesellschaft (German stock corporation)
CF	cash flow
CFROI	cash flow return on investment
CVA	cash value added
DCF	discounted cash flow
EBIT	earnings before interest and taxes
EBITDA	earnings before interest, taxes, depreciation and amortization
EBT	earnings before taxes
EQ	equity
EPS	earnings per share
EVA	economic value added
DB	debt
R&D	research and development
HGB	Handelsgesetzbuch (German Commercial Code)
IFRS	International Financial Reporting Standards
KGaA	Kommanditgesellschaft auf Aktien (German partnership limited by shares)
P/E ratio	price/earnings ratio
p. a.	per annum
SE	Societas Europaea (European public company)

Stichwortverzeichnis/Glossary

Abschreibungsdauer 54
Abschreibungsgrad 30
Abschreibungsquote 28, 52
Accounting and measurement options 7
Accounts receivable turnover 59, 61
Anlagendeckungsgrad 70
Anlagenintensität 26
Arbeitsintensität 120
Auftragsbestand 112
Ausschüttungsquote 156
Average stock 25

Beta factor 175
Betafaktor 174
Betriebliche Aufwendungen
  Struktur 116
Betriebsergebnis
  versteuertes ~ 144
Betriebsergebnis pro Mitarbeiter 124
Betriebsrentabilität 142
Bilanzierungs- und Bewertungswahlrechte 6
Bilanzkurs 162
Book value 163
Borrowing costs 175
Börsenwert des Unternehmens 160
Business valuation ratios 169

Capital expenditure ratio 97
Capital market ratios 151
Cash flow 85
  free ~ 91
  from financing activities 91
  from investing activities 89
  from operating activities 87
  margin 95
  Return on investment 95
Cash flow ratios 85
Cash flow statement 87
Cash ratio 69
Cashflow 84
  aus der Finanzierungstätigkeit 90
  aus der Investitionstätigkeit 88
  aus laufender Geschäftstätigkeit 86
  freier ~ 90

Marge 94
Rentabilität 94
Cashflow-Kennzahlen 84
Consolidated financial statements 13
Consolidated profit/loss 101
Cost of capital 173
Cost of equity 173
Cost of materials ratio 119
Cost of sales method 99
Current asset intensity 31
Current asset turnover 55

Day sales outstanding 63
Debt factor 45
Debt structure 47
Deckungsgrad 68
Degree of asset depreciation 31
Depreciation period 55
Depreciation ratio 29, 53
Discounted cash flow (DCF) 171
Diskontierter Cashflow (DCF) 170
Dividend per share 159
Dividend yield 159
Dividende je Aktie 158
Dividendenrendite 158
Durchschnittsbestand 24
Dynamic debt ratio 93
Dynamischer Verschuldungsgrad 92

Earnings before taxes (EBT) 103
Earnings per share 151
Earnings structure 99
EBIT 102, 103
EBITDA 104, 105
Economic value added (EVA) 177
Effective tax rate 137
Eigenkapital
Reichweite 78
Eigenkapitalkosten 172
Eigenkapitalquote 36
Eigenkapitalrentabilität 144
Equity
Range 79
Equity and liabilities 37
Equity ratio 37
Erfolgsanalyse 98
Ergebnis je Aktie 150
Ergebnis vor Steuern (EBT) 102
Ergebnisstruktur 98
EVA 176, 177
Export rate 113
Exportquote 112

Financial expenses 131
Financial income 131

Financial ratios 7
IFRS-based ~ 11
Financial result 107
Financial result ratio 135
Financing rules 67
Finanzaufwendungen 130
Finanzergebnis 106
Finanzergebnisquote 134
Finanzerträge 130
Finanzierungsregeln 66
Finanzkennzahlen 6
IFRS-basierte ~ 10
Forschung und Entwicklung (FuE) 126
Anteil der aktivierten Entwicklungskosten 130
Intensität 128
Kostenquote 126
Fremdkapitalkosten 174
Fremdkapitalquote 38
Fremdkapitalstruktur 46

Gearing ratio 43
Gesamtkapitalrentabilität 138
Gesamtvermögen 24
Gewinnausschüttung 154
Golden balance sheet rule 67
Golden rule of financing 73
Goldene Bilanzregel 66
Goldene Finanzierungsregel 72
Gross margin 115

Intensität des langfristigen Kapitals 46
Intensity of long-term capital 47
Interest burden 135
Interest coverage ratio 133
Interest intensity 131
Inventory intensity 33
Inventory turnover 57
Invested capital 37
Investiertes Kapital 36
Investitionsintensität 96

Kapitalflussrechnung 86
Kapitalkostensatz 172
Kapitalmarktorientierte Kennzahlen 150
Kapitalstruktur 36
Konzernabschluss 12
Konzernergebnis 100
Kreditoreninanspruchnahme 64
Kurs-Bilanzwert-Verhältnis 166
Kurs-Cashflow-Verhältnis 166
Kurs-Gewinn-Verhältnis 162

Kurs-Umsatz-Relation 168
Kurzfristige Kapitalbindung 74

Labour intensity 121
Laufzeit 48
  Debitoren 62
Leverage 39
Leverage ratio
  dynamic ~ 93
Liquiditätsgrad 80
Liquiditätskennziffern 80
Liquidity ratios 81

Market capitalization 161
Market risk premium 175
Market value of the company 161
Marktkapitalisierung 160
Marktrisikoprämie 174
Materialintensität 118

Net assets 25
Net business assets
  Return 141
Net debt 45
Net operating profit after taxes 107
Netto-Betriebsvermögen
  Rendite 140
Nettoumlaufvermögen 34
Nettoverschuldung 44
NOPAT 106, 107

Operating expenses
  Structure 117
Operating result per employee 125
Operating return 143
Order backlog 113

Payout ratio 157
Personalaufwand je Mitarbeiter 124
Personalintensität 120
Personalkennzahlen 120
Personnel expenses per employee 125
Personnel intensity 121
Personnel ratios 121
Price/book value ratio 167
Price/earnings ratio 163
Price/revenue ratio 169
Price-cash flow ratio 167
Profit distribution 155
Profitability 149
Profitability analysis 99
Profitability ratios 139
Property, plant and equipment turnover 51
Provision ratio 41

Redemption capacity 75
Rentabilität 148
Rentabilität des investierten Kapitals 140

Rentabilitätskennzahlen 138
Research and development (R&D) 127
  expense ratio 127
  Intensity 129
  Share of capitalized development costs 131
Reserve intensity 41
Return on equity 145
Return on invested capital 141
Return on revenue 149
Return on total capital 139
Revenue per employee 123
Revenue structure 111
Rohertragsmarge 114
Rücklagenintensität 40
Rückstellungsquote 40

Share of cost of sales 117
Short-term capital tie-up 75
Solvency level 81
Steuerquote 136

Term 49
Tilgungsfähigkeit 74
Total asset turnover 49
Total assets 25
Trade payable days 65
Turnover 49

Umlaufintensität 30
Umsatz pro Mitarbeiter 122
Umsatzkostenanteil 116
Umsatzkostenverfahren 98
Umsatzrendite 148
Umsatzstruktur 110
Umschlagshäufigkeit 48
  der Debitoren 58
  der Kreditoren 60
  des Gesamtvermögens 48
  des Sachanlagevermögens 50
  des Umlaufvermögens 54
  des Vorratsvermögens 56
  des Working Capitals 56
Unternehmensbewertung 168

Value added
  Cash ~ 179
Value added of the company 109
  relative ~ 111
Vermögensstruktur 24

Verschuldungsfaktor 44
Verschuldungsgrad
dynamischer ~ 92
Verschuldungskoeffizient 42
Versteuertes Betriebsergebnis 106
Vorratsintensität 32

Wertschöpfung des Unternehmens 108
relative ~ 110
Wertzuwachs, Cashflow-basierter 178
Wirtschaftlicher Wertzuwachs (EVA) 176
Working capital 35
Working Capital 34
Working capital turnover 57

Zinsdeckungsgrad 132
Zinsintensität 130
Zinslast 134

Der Autor

Professor Dr. Eberhard Scheffler ist Wirtschaftsprüfer. Nach mehrjähriger Prüfungs- und Beratungstätigkeit im In- und Ausland war er viele Jahre als Finanzvorstand zweier internationaler Konzerne tätig und lehrte an der Universität Hamburg. Er war Gründungspräsident der Deutschen Prüfstelle für Rechnungslegung (2005–2007) sowie Mitglied des deutschen Standardisierungsrates (2000–2004) und der European Financial Reporting Advisory Group. Er ist Mitherausgeber des Beck'schen Handbuchs der Rechnungslegung.

Impressum:

Verlag C. H. Beck im Internet: www.beck.de
ISBN: 978-3-406-61769-0

Wilhelmstraße 9, 80801 München

Lektorat und DTP: Text+Design Jutta Cram, 86157 Augsburg, www.textplusdesign.de
Umschlaggestaltung: Ralph Zimmermann – Bureau Parapluie
Umschlagbild: © istockphoto.com/a-wrangler/MistikaS/Matt Trommer
Druck und Bindung: Beltz Bad Langensalza GmbH
Neustädter Straße 1–4, 99947 Bad Langensalza

Gedruckt auf säurefreiem, alterungsbeständigem Papier
(hergestellt aus chlorfrei gebleichtem Zellstoff)